赵秋妮／著

MXene基复合薄膜气湿传感器设计制备与特性研究

Fabrication and Characteristics of MXene-Based Composite Film Gas/Humidity Sensors

U0289348

电子科技大学出版社

University of Electronic Science and Technology of China Press

·成都·

图书在版编目（CIP）数据

MXene基复合薄膜气湿传感器设计制备与特性研究／赵秋妮著. -- 成都：成都电子科大出版社，2025. 1.
ISBN 978-7-5770-1313-8

Ⅰ. TP212

中国国家版本馆CIP数据核字第2024RW7879号

MXene基复合薄膜气湿传感器设计制备与特性研究
MXene JI FUHE BOMO QISHI CHUAN'GANQI SHEJI ZHIBEI YU TEXING YANJIU

赵秋妮　著

出 品 人　田　江
策划统筹　杜　倩
策划编辑　高小红　饶定飞
责任编辑　姚隆丹
助理编辑　胡月莲
责任设计　李　倩　姚隆丹
责任校对　赵倩莹
责任印制　梁　硕

出版发行　电子科技大学出版社
　　　　　成都市一环路东一段159号电子信息产业大厦九楼　邮编　610051
主　　页　www.uestcp.com.cn
服务电话　028-83203399
邮购电话　028-83201495

印　　刷　成都久之印刷有限公司
成品尺寸　170 mm×240 mm
印　　张　10.75
字　　数　170千字
版　　次　2025年1月第1版
印　　次　2025年1月第1次印刷
书　　号　ISBN 978-7-5770-1313-8
定　　价　66.50元

版权所有，侵权必究

序

FOREWORD

当前，我们正置身于一个前所未有的变革时代，新一轮科技革命和产业变革深入发展，科技的迅猛发展如同破晓的曙光，照亮了人类前行的道路。科技创新已经成为国际战略博弈的主要战场。习近平总书记深刻指出："加快实现高水平科技自立自强，是推动高质量发展的必由之路。"这一重要论断，不仅为我国科技事业发展指明了方向，也激励着每一位科技工作者勇攀高峰、不断前行。

博士研究生教育是国民教育的最高层次，在人才培养和科学研究中发挥着举足轻重的作用，是国家科技创新体系的重要支撑。博士研究生是学科建设和发展的生力军，他们通过深入研究和探索，不断推动学科理论和技术进步。博士论文则是博士学术水平的重要标志性成果，反映了博士研究生的培养水平，具有显著的创新性和前沿性。

由电子科技大学出版社推出的"博士论丛"图书，汇集多学科精英之作，其中《基于时间反演电磁成像的无源互调源定位方法研究》等28篇佳作荣获中国电子学会、中国光学工程学会、中国仪器仪表学会等国家级学会以及电子科技大学的优秀博士论文的殊誉。这些著作理论创新与实践突破并重，微观探秘与宏观解析交织，不仅拓宽了认知边界，也为相关科学技术难题提供了新解。"博士论丛"的出版必将促进优秀学术成果的传播与交流，为创新型人才的培养提供支撑，进一步推动博士教育迈向新高。

青年是国家的未来和民族的希望，青年科技工作者是科技创新的生力军和中坚力量。我也是从一名青年科技工作者成长起来的，希望"博士论丛"的青年学者们再接再厉。我愿此论丛成为青年学者心中之光，照亮科研之路，激励后辈勇攀高峰，为加快建成科技强国贡献力量！

中国工程院院士

2024 年 12 月

前　言

PREFACE

随着新一轮科技革命和产业变革的加速演进，以及人工智能（AI）与物联网（IoT）等技术的快速发展，传感器作为连接新一代信息技术与终端应用的关键元器件，在航空航天、无人驾驶、医疗健康、智慧农业、工业生产自动化等领域发挥着不可替代的作用。然而，面对需求广泛的实际应用场景，如何兼容实现气体／湿度传感器的高灵敏、高选择、低功耗、智能化与自驱动，仍是当前研究面临的瓶颈问题。本书针对现有气湿传感器存在的共性科技难题，围绕过渡金属碳化物／氮化物／碳氮化物（MXene）新材料，聚焦于MXene基复合材料在气湿传感上的机理创新与应用探索，开展了MXene基复合薄膜气湿传感器设计制备、特性研究、机理分析与应用验证等系列研究，致力于从新材料、新方法、新机理等角度取得创新突破。

本书围绕MXene材料，结合不同的复合纳米材料、器件结构设计与制备工艺，对气体与湿度两个化学参量的检测开展了系列研究。本书第一章简要介绍MXene材料的基本特性与制备方法，并综述了MXene及其复合材料基气湿传感器研究进展。第二、三章针对典型MXene材料碳化钛（$Ti_3C_2T_x$）基气体传感器响应小、恢复慢、可逆性差、选择性差等不足，首先提出了气湿共存环境下离子通路阻塞的增强策略，研制出柔性可弯折、快恢复（3 s）、室温工作的二氧化氮（NO_2）气体传感器，为潮湿环境下气体检测提供了新机理模型；为了进一步解决MXene基气体传感器的选择性与检测下限的不足，第三章基于双金属MXene材料钼钛碳化物（$Mo_2TiC_2T_x$），提出"强吸附+边缘富集结构"耦合增强策略，实现了高灵敏（7.36% ppm^{-1}）、低检测下限（2.5 ppb）与高选择的NO$_2$气体传感器，结合集成系统为分布式NO$_2$气体的无线智能检测提供了关键核心器件。与此同时，湿度作为气体检测中不可忽略的参量，本书第四、五章基于先进的湿度发电技术研制了湿度传感器，一方面构建类神经元仿生结构并提出通过"感湿+发电"一体化多功能碳化铌／海藻酸钠（Nb$_2$CT$_x$/SA）器件，解决输出范围窄、间歇性输出等问题，发展了非接触呼吸频率监测新途径；另一方面提出通过无盐质子传导电化学Nb$_2$CT$_x$／透明质酸湿度传感器，构建质子快速传导的氢键网络，实现了快响应（15.1 s）与快恢复（3.4 s），为自驱动湿度传感器提供了创新理论与技术方法。最后，本书从敏感材料的设计合成、传感单元的性能提升、气敏机理与湿敏／发电耦合机制的深入研究、传感器阵列化以及气湿传感器一体化兼容集成方面展望了MXene基气体与湿度传感器的发展前景。

本书由赵秋妮博士主笔，在导师太惠玲教授的悉心指导下完成写作，谨表诚挚的谢意；本书涉及的相关实验在电子薄膜与集成器件全国重点实验室、光电探测与传感集成技术教育部重点实验室完成，特别感谢蒋亚东教授团队的大力支持。作者期待本书能激发更多研究者对新型敏感材料与传感器领域的兴趣与好奇，共同推进智能传感技术的持续进步与发展。为了表达的准确性，同时考虑受众的阅读习惯，本书中部分图保留了原文献中的英文表达。由于作者水平有限，书中难免存在错漏与不妥，恳请广大读者批评指正。

作　者
2024年12月

目录
CONTENTS

第一章

绪　论

1.1　研究背景及意义

随着新一轮科技革命和产业变革的加速演进，人工智能（artificial intelligence，AI）与物联网（internet of things，IoT）等技术快速发展。传感器作为连接新一代信息技术与终端应用的关键元器件，在航空航天、无人驾驶、医疗健康、智慧农业、自动化工业生产等领域发挥着不可替代的作用[1-2]。特别地，气体与湿度传感器在新兴的智能家居、可穿戴设备、智能移动终端等领域的应用突飞猛进[3-5]。

应用于生产中的气体种类繁多，如二氧化氮（NO_2）、氨气（NH_3）、一氧化碳（CO）、氢气（H_2）、烷烃、烯烃、炔烃、挥发性有机化合物（volatile organic compounds，VOCs）等，对各类气体进行准确、实时的检测在工业、农业、医学和气象学中十分重要[6]。传统的气体检测方法主要包括光学法、电化学法、化学电阻/电容法与气相色谱法等[7]。其中，化学电阻型气体传感器，如传统的金属氧化物半导体基气体传感器，虽然具有成本低廉、制作简单、响应高、电路简单等优点[7]，但是其在选择性、检测下限、功耗等方面仍存在不足[8]。湿度作为气体检测中不可忽略的参量，研发湿度传感器来实时检测环境湿度并及时补偿气体传感器具有重要意义。传统的电阻/电容型湿度传感器发展较为成熟，然而这类器件功耗高且大多依赖外部电源供电[9]。不断增长的能源消耗和日益增长的环境意识引发了人们对绿色可再生能源的强烈要求。作为电子技术未来的重要发展方向之一，将先进的能源发电技术与传感器相结合以构建自驱动系统，不仅可以解决绿色能源可用性的限制，还可以使电子设备在没有外部电源的情况下独立、可持续地运行[10-11]。因此，开发高灵敏、高选择、低功耗、智能化、自驱动化的气湿传感器仍是一个挑战。

敏感材料作为化学式传感器的核心，针对敏感材料开展创新性研究是气湿传感器突破现存瓶颈问题、满足多样化需求的重要途径。自2004年以来，石墨烯、过渡金属硫族化合物（transition metal dichalcogenides，TMDs）、过渡金属碳化物/氮化物/碳氮化物（MXene）、层状双氢氧化物、黑磷、氮化硼等二维（two dimension，2D）材料引起了科研人员的广泛关注[12-14]。其中，MXene在储能储氢、化学传感器、生物传感器、电磁干扰屏蔽等多个领域展现了广阔的应用前景[13,15-16]。特别地，MXene材料具有独特的导电性、层状结构、丰富的活性位点与末端官能团，不仅能有效吸附气体分子和水分子，而且能加快载流子传输，减少器件噪声信号干扰[17]。这些特性使得MXene材料在室温下具有制备高性能气湿传感器的潜力。

1.2 MXene 材料简介

1.2.1 结构、分类与特性

MXene 作为一类 2D 材料，2011 年由美国德雷塞尔大学 Yury Gogotsi 教授团队首次合成并报道[18]。最早，MXene 是通过选择性刻蚀母体 MAX 相中的 A 层来合成的。MAX 相是一类具有极好延展性的层状陶瓷材料，其化学通式为 $M_{n+1}AX_n$。其中，n=1、2、3 或 4，代表 4 种常见结构；M 代表前[期]过渡金属元素（如 Ti、V、Mo、Nb、Sc、Ta、Cr）；A 代表 IIIA 或 IVA 族元素（如 Al、Ga）；X 代表 C、N 或 C/N 元素[13]。MAX 相具有六方对称晶体结构，空间群为 P63/mmc，是由 $M_{n+1}X_n$ 结构单元与 A 原子层交替堆垛排列而成的非范德瓦耳斯多层材料[14,17]。MAX 相的 A 原子层被选择性刻蚀后可获得化学式为 $M_{n+1}X_nT_x$（T_x 为末端基团）的 MXene 材料，常见的 T_x 有羟基（—OH）、氟基（—F）与氧基（—O）[14]。如图 1-1 所示，MXene 至少有 4 种晶格结构：M_2XT_x、$M_3X_2T_x$、$M_4X_3T_x$ 与 $M_5X_4T_x$[13-14]。经过十几年的发展，已经通过实验合成了数十种不同结构的 MXene 材料，如 Ti_2CT_x、V_2CT_x、Nb_2CT_x、$Ti_3C_2T_x$ 等，与此同时，更多的 MXene 材料已被预测可以稳定存在[12,14]。

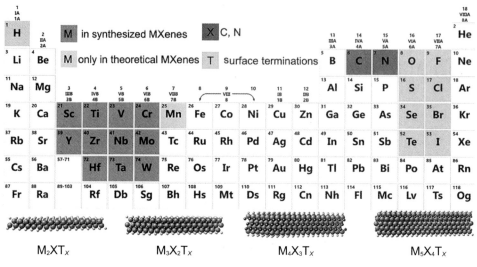

图1-1　MXene组成的元素周期表[13]

不同MXene材料的电学性能不同，元素组成、表面官能团、材料的层数或厚度等参数都会影响MXene的导电性[14]。密度泛函理论（density functional theory，DFT）计算表明，不具有表面末端基团的MXene由于费米能级导带和价带的重叠而表现出金属行为；然而，在化学合成过程中MXene不可避免地会被表面末端基团终止，使其可能会表现出半导体特性[19]。例如，Ti_3C_2通常为金属性，而经过—F或—OH表面修饰后的$Ti_3C_2T_x$表现为窄带隙半导体特性[14,17]。面积越大、缺陷越少，MXene材料的导电性越好。除电学性能外，MXene材料的光学特性很大程度上也取决于结构和电子特性。因此，影响MXene电学性能的表面官能团和化学成分也会影响其光学性能。G. R. Berdiyorov利用DFT计算揭示了表面终端对$Ti_3C_2T_x$（T_x为—F、—O或—OH）光学性能的作用[20]。结果表明，与Ti_3C_2相比，所有表面终端都会导致$Ti_3C_2T_x$在紫外光区域具有更高的反射率[20]。除了表面官能团之外，MXene的M位点和X位点上的元素取代也可以调节其光学性能。此外，通过化学湿法剥离得到MXene材料，其表面存在大量的亚稳态金属原子与缺陷位点，这使得MXene材料极易氧化变质。因此，MXene材料在空气或水溶液中具有较差的稳定性[14,21]。

1.2.2 制备方法

自2011年首次通过刻蚀Ti_3AlC_2获得$Ti_3C_2T_x$以来，MXene的合成与制备工艺迅速发展。目前，MXene制备方法主要包括"自上而下"和"自下而上"两类。"自上而下"方法是将大块晶体剥离成少层或单层，主要采用化学试剂选择性刻蚀来去除MAX相中的A原子层；"自下而上"的方法通常在原子或分子的基础上生长晶体，从而合成二维有序结构[22]。相比之下，前者制备的材料具有丰富的缺陷与末端基团，有利于气体分子与水分子在敏感材料表面的吸附与电荷转移[23-24]。典型的"自上而下"方法包括选择性刻蚀和插层处理两个步骤，详细阐述如下。

（1）选择性刻蚀

TMDs和石墨烯层间由力连接，然而MXene属于层间由较强化学键连接的非范德瓦耳斯固体，采用传统方法（如机械剥离、超声）难以从MAX前驱体中分离出MXene纳米片[25]。MAX前驱体中的MX层由强共价键结合，相比之下，A原子层结合力相对较弱，因此可通过化学方法选择性去除A原子层[26]。目前，选择性刻蚀方法主要包括含氟刻蚀法、电化学刻蚀法、碱刻蚀法、熔融盐刻蚀法等[27-28]。后文主要介绍含氟刻蚀法和无氟刻蚀法。

含氟刻蚀法，即刻蚀液中通常含有氟离子，如氢氟酸（HF）或者盐酸（HCl）与氟化锂（LiF）的混合物[29]。HF直接刻蚀是合成MXene的典型方法。如图1-2所示，以Ti_3AlC_2制备$Ti_3C_2T_x$为例，将Ti_3AlC_2粉末缓慢加入40%～50% HF溶液，室温反应数小时即可获得松散堆积的具有手风琴结构的多层$Ti_3C_2T_x$[27]。其主要反应方程式如下[3, 18, 30]：

$$2Ti_3AlC_2+6HF=\!=\!=2AlF_3+3H_2+2Ti_3C_2 \tag{1-1}$$

$$Ti_3C_2+2H_2O=\!=\!=Ti_3C_2(OH)_2+H_2 \tag{1-2}$$

$$Ti_3C_2+2HF=\!=\!=Ti_3C_2F_2+H_2 \tag{1-3}$$

式（1-1）表明了Ti_3C_2的合成过程，式（1-2）与式（1-3）表明了Ti_3C_2表面官能团—OH与—F的形成，从而得到$Ti_3C_2T_x$。选择性刻蚀后，强Ti—Al键被弱氢键或范德瓦耳斯键取代，导致多层堆叠的$Ti_3C_2T_x$更容易被剥离成少层或单层纳米片。MXene的刻蚀是一个动态控制过程，因此，刻蚀条件（如HF溶液浓度、刻蚀温度、刻蚀时间、搅拌速度、MAX相的质量等）对MXene的形貌结构、表面官能团、缺陷以及产率等有显著影响[24, 31-33]。

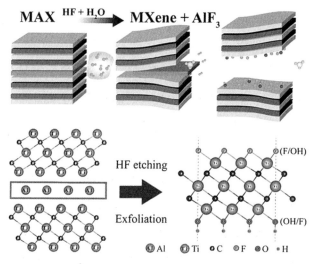

图1-2　HF选择性刻蚀Ti_3AlC_2示意图[27]

虽然HF是制备MXene的有效刻蚀剂，但是为了避免接触危险的高浓度HF，研究人员采用了温和的原位形成HF方法进行刻蚀。2014年，Michael Ghidiu等人使用危害较小的HCl和LiF原位合成HF[29]，选择性刻蚀Al原子层以制备$Ti_3C_2T_x$，如式（1-4）所示。在HCl/LiF刻蚀液中，Li^+的插入与水合作用可扩大纳米片层间距，同时增加—OH官能团的数量。

$$LiF+HCl\Longrightarrow HF+LiCl \tag{1-4}$$

此外，许多含氟试剂，如氟化铵（NH_4F）、氟化钠（NaF）、氟化钾（KF）、氟化铁（FeF_3）、氟化铯（CsF）、氟化钙（CaF_2）、氟化氢铵（NH_4HF_2）、氟化氢钠（$NaHF_2$）、氟化氢钾（KHF_2），与HCl或硫酸

（H_2SO_4）混合后刻蚀制备MXene已被逐渐研究与报道[34-36]。多种阳离子（如Na^+、K^+、NH_4^+、Ca^{2+}、Fe^{3+}）同样会自发地嵌入纳米片之间，从而引起纳米片层间膨胀。

无氟刻蚀法不需要含氟试剂或苛刻的刻蚀条件。2018年，Li Tengfei等人采用氢氧化钠（NaOH）作为碱性刻蚀剂来制备多层$Ti_3C_2T_x$[37]。碱刻蚀使得$Ti_3C_2T_x$具有更多的—OH与—O。类似地，氢氧化钾（KOH）作为碱性刻蚀剂，可制备出超薄（0.95 nm）的$Ti_3C_2T_x$纳米片[38]。此外，电化学刻蚀是一种制备高产量、大尺寸、均匀MXene纳米片的常用方法。如2018年，Yang Sheng等人提出使用氯化铵（NH_4Cl）作为电解质，Ti_3AlC_2作为阳极，通过Al—Cl键替换Al—Ti键，从而达到刻蚀的目的[39]。刻蚀剂的选择、合成方法与刻蚀条件可直接影响MXene的形貌、结构、尺寸、末端基团、缺陷等。因此，设计方案时可根据具体的需求进行优选。

（2）插层处理

刻蚀产生的多层MXene具有高黏度与层间相互作用力，因此，需要借助插层处理来增大层间距，减弱层间作用力，从而获得单层或少层纳米片。即便多层MXene在长时间超声处理下可得到纳米片，但是其存在产量低、尺寸小、缺陷多的问题。由于选择性刻蚀后，弱键（氢键或范德瓦耳斯键）取代了强化学键，因此可以在插层剂中通过机械振动、搅拌或超声处理进行多层MXene的分层剥离。目前，插层剂主要分为极性有机化合物与金属阳离子两类。

极性有机化合物，如四甲基氢氧化铵（tetramethylammonium hydroxide，TMAOH）、二甲基亚砜（dimethyl sulfoxide，DMSO）、水合肼、氨水、氯仿、正丁胺、异丙胺，都是有效的MXene插层剂[14,19]。DMSO主要通过其甲基和MXene表面羟基之间的排斥来增加层间距。2013年，Olha Mashtalir等人报道了采用DMSO插层制备小尺寸的单层/多层$Ti_3C_2T_x$混合物[33]。具体地，在室温下将DMSO与多层$Ti_3C_2T_x$混合溶液连续搅拌18 h，离心清洗后在去离子水中进行弱超声处理，然后循环收集悬浮液。此外，如图1-3

所示，TMAOH有机碱不仅可以将TMA$^+$嵌入V$_2$CT$_x$层间，导致MXene多层结构的溶胀与分层；同时还可以作为表面改性剂，去除MXene表面的刻蚀副产物（如—F）以获得丰富的含氧基团[40]。然而，采用有机化合物进行插层处理的缺点是高沸点的有机试剂在最终产物中很难被完全去除。

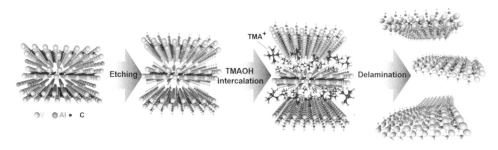

图1-3　V$_2$AlC材料的刻蚀与TMAOH插层处理示意图[40]

此外，Maria R. Lukatskaya等人发现金属阳离子（如Li$^+$、Na$^+$、K$^+$、Mg^{2+}、Al^{3+}）可以自发地嵌入Ti$_3$C$_2$T$_x$片层之间，并导致层间距增加，这表明金属阳离子可以实现多层MXene的层间插入与分层[41]。2022年，Xu Huajun等人采用二价金属离子Mn^{2+}、Ni^{2+}、Co^{2+}扩大MXene的层间距离，同时诱导纳米片形成独特的多孔结构[42]。MXene纳米片边缘或表面的末端基团可与高价金属阳离子发生静电相互作用，从而改变纳米片的形貌结构[43]。

1.2.3　传感应用

如上所述，MXene材料独特的物理、化学特性及其电学可调性，使其在传感领域得到了研究人员的广泛关注。如图1-4所示，所涉及的MXene基传感器主要分为3类：生物传感器、物理传感器与化学传感器[44]。

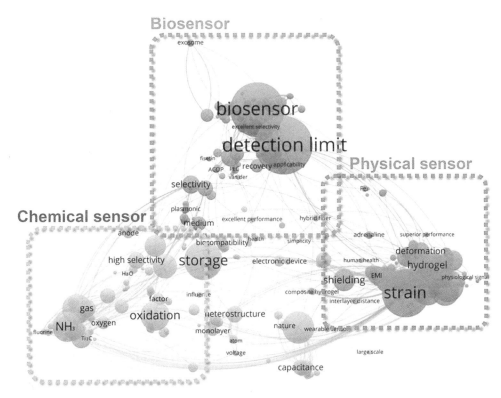

图1-4　MXene材料在传感领域的典型应用[44]

生物传感器可以通过非侵入性方法，在体液（如血液、尿液、汗液）与组织样本中识别生物标志物，从而进行临床风险评估与早期诊断来提高病人的康复率[17]。生物传感器在减少疾病传播和促进治疗方面变得十分重要。由于生物传感器可通过调控MXene材料表面活性位点、构建形貌结构与合成MXene复合材料等策略，锚定合适的生物受体，诱导特定的相互作用（如抗体-抗原相互作用、酶-配体相互作用）[44]，从而提高生物传感器的精度与选择性。

得益于MXene优异的导电性与分散性，其在力学（如应变、压力）、热学与光学等物理量检测中被广泛研究。以力学传感器为例，许多MXene基力学传感器已被应用于人体呼吸监测、姿势识别、关节运动监测、语音识别等医疗保健与智能可穿戴领域[45]。力学传感器的检测机理主要基于

MXene及其复合材料的压阻特性。在外部压力作用下，堆叠的MXene导电纳米片之间相互接触，构建出更多的导电通路，从而引起传感器电学信号发生改变[46]。

化学传感器是一种能够定性和定量检测化学物质，并将化学信号（如气体、湿度）转换为电信号的器件。由于MXene具有丰富的末端官能团，当传感器检测气体时，气体分子不仅可以吸附于MXene表面的活性位点处，而且可与表面官能团相互作用，这将导致敏感层与吸附分子之间的电荷转移，从而引起传感器的电学信号改变[17]。此外，通过形貌控制和表面修饰等方式可以增强气体分子或水分子的有效吸附[14]。因此，MXene及其复合材料在气湿传感器领域具有很大的应用前景。

1.3 MXene及其复合材料基气湿传感器研究进展

1.3.1 MXene及其复合材料基气体传感器

典型的MXene材料——$Ti_3C_2T_x$，由于其较高的载流子传输效率、丰富的表面活性位点与缺陷，容易吸附NH_3、NO_2、乙醇、丙酮等气体分子，这使得$Ti_3C_2T_x$基气体传感器容易出现交叉干扰的问题[14]。同时，由于范德瓦耳斯力引起纳米片之间的自堆叠以及MXene材料易氧化的特性，使得MXene基气体传感器具有响应小、可逆性差、稳定性差等不足。因此，研究人员常结合其他特异性材料，如贵金属、TMDs、石墨烯、氧化石墨烯（graphene oxide，GO）、还原氧化石墨烯（reduced GO，RGO）、金属氧化物半导体、有机物等，对MXene材料进行表面修饰、掺杂与复合，从而改善其气敏缺陷，如图1-5所示[14]。根据检测对象的不同，下面对MXene及其复合材料基NO₂气体传感器的研究现状进行重点回顾与讨论，并简要概述NH₃与VOCs气体传感器的研究现状。

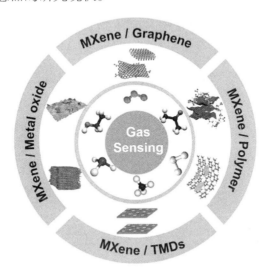

图1-5　MXene基复合敏感材料的气体传感应用概括图[14]

（1）NO₂气体传感器

NO₂是一种广泛存在的氧化性气体，也是主要的空气污染物之一。NO₂不仅会造成光化学烟雾、臭氧消耗等环境危害，而且高浓度NO₂会引发人类呼吸道疾病并导致免疫力减弱，对公众健康构成威胁[47-48]。当MXene材料暴露在NO₂中时，具有强电子夺取特性的NO₂气体分子会吸附在材料表面并夺取电子，MXene中的部分亚稳态金属原子被氧化，从而导致传感器出现可逆性差与稳定性差等不足[14,35]。为了开发高性能的MXene基NO₂气体传感器，科研人员做了大量的工作。下面将从原位生长Ti₃C₂Tₓ衍生物、Ti₃C₂Tₓ衍生物复合材料、官能团修饰、原子/离子掺杂、结构调控与形貌修饰等方面介绍MXene基NO₂气体传感器的研究现状。

首先，研究人员通过在Ti₃C₂Tₓ表面原位生长二氧化钛（TiO₂）形成肖特基增强，从而改善Ti₃C₂Tₓ的气敏性能[35,49-50]。例如，2020年韩国科学技术研究院的Hee-Tae Jung等人将Ti₃C₂Tₓ水溶液置于80℃烘箱中加热，在

Ti₃C₂Tₓ纳米片上均匀形成 n 型 TiO₂晶体[35]，如图1-6（a）所示。Ti₃C₂Tₓ与 TiO₂连接处自动形成大量的肖特基位点，从而使得 Ti₃C₂Tₓ/TiO₂基传感器对 5 ppm NO₂的响应提高了 13.7 倍，然而传感器具有严重的基线偏移，如图 1-6（b）所示。类似地，2021 年江苏大学刘桂武团队通过水热氧化法在 Ti₃C₂Tₓ表面原位生长 TiO₂纳米颗粒形成肖特基异质结构，Ti₃C₂Tₓ/TiO₂复合薄膜传感器对 100 ppm NO₂的响应提升了 86 倍，响应时间为 150 s[49]。如图 1-6（c）所示，该传感器对 NO₂、SO₂、NH₃、CO 都具有响应，响应值分别为 4.455、2.111、0.703、0.667。虽然原位生长 TiO₂有效地提升了 Ti₃C₂Tₓ的气敏响应，但是气体传感器的可逆性、响应速度、选择性等指标仍有待提升。

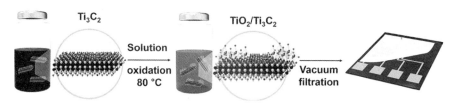

（a）烘箱加热制备 Ti₃C₂Tₓ/TiO₂材料的流程图[35]

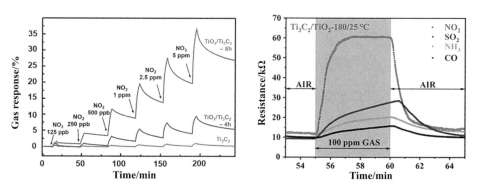

（b）烘箱加热制备的 Ti₃C₂Tₓ/TiO₂基气体传感器对 NO₂气体的响应曲线[35]

（c）水热氧化法制备的 Ti₃C₂Tₓ/TiO₂基气体传感器对 NO₂、SO₂、NH₃、CO 气体的响应曲线[49]

图 1-6　Ti₃C₂Tₓ/TiO₂基气体传感器

注：ppm 表示百万分之一，为非规范性用法，在论文中较通用，且考虑受众阅读习惯，出版时未作修改，保留原格式。

进一步地，将$Ti_3C_2T_x$衍生材料与石墨烯、金属氧化物与TMDs等复合形成复合材料，如$Ti_3C_2T_x$/TiO_2/RGO[51-52]、$Ti_3C_2T_x$/TiO_2/SnS_2[53]、$Ti_3C_2T_x$/TiO_2/SnO_2[54]、$Ti_3C_2T_x$/TiO_2/MoS_2[55]、$Ti_3C_2T_x$/TiO_2/ZnO[56]，可以提高复合材料的结构稳定性与传感器的气敏特性。如2021年河北工业大学的花中秋团队通过直接氧化$Ti_3C_2T_x$/GO混合溶液，制备了$Ti_3C_2T_x$/TiO_2/RGO基NO_2气体传感器[52]。层层堆叠的$Ti_3C_2T_x$/GO纳米片在氧化过程中，不仅形成了具有支撑作用且均匀分布的TiO_2纳米颗粒，而且CO_2等气体分子的释放与逸出进一步增大GO层间距，这有利于增强气体分子吸附并加快电荷转移，如图1-7（a）所示。如图1-7（b）所示，$Ti_3C_2T_x$/TiO_2/RGO基气体传感器对NO_2的响应值为173%，远大于纯RGO传感器的响应值。然而，复合薄膜气体传感器的响应时间与恢复时间分别为123 s与230 s，响应/恢复速度较慢。

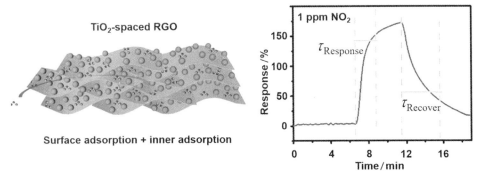

（a）$Ti_3C_2T_x$衍生的TiO_2/RGO材料示意图　　（b）传感器对1 ppm NO_2气体的响应曲线

图1-7　$Ti_3C_2T_x$衍生的TiO_2/RGO基气体传感器[52]

此外，2021年，香港城市大学的Derek Ho等人基于$Ti_3C_2T_x$衍生的TiO_2纳米材料，提出了一种具有p-n异质结的TiO_2/SnS_2复合材料，实现了对100～1 000 ppm NO_2的高响应如图1-8（a）所示[53]。如图1-8（b）所示，在n型TiO_2与p型SnS_2的接触界面，电子从TiO_2转移到SnS_2，并在接触界面形成耗尽区，从而增强气敏薄膜的电荷转移能力。2022年，黑龙江大学的史克英教授团队通过一步水热法制备了具有2D/2D/2D结构的$Ti_3C_2T_x$/TiO_2/MoS_2材料，$Ti_3C_2T_x$与MoS_2分别充当电荷载体与敏感材料[55]。基于复合材料的独特结构与电子特性，$Ti_3C_2T_x/TiO_2/MoS_2$基气体传感器在室温下对 50 ppm NO_2的响应值可达55.16。

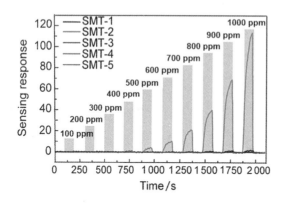 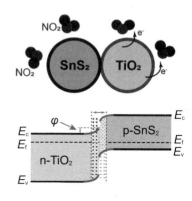

（a）传感器对100～1 000 ppm NO_2气体的响应曲线　　（b）气敏机理示意图

图1-8　$Ti_3C_2T_x$衍生的TiO_2/SnS_2基气体传感器[53]

官能团修饰与原子/离子掺杂也是一种提高敏感材料气敏性能的常用方法。2022年，Derek Ho等人提出了基于等离子体曝光的官能团修饰策略，并将其用于优化$Ti_3C_2T_x$的气敏响应[57]。经过原位等离子体处理后，具有大量—O官能团的$Ti_3C_2T_x$对NO_2表现出更强的吸附特性，这有效地提升了传感器的响应输出。同年，Kaushik Pal等人采用不同浓度的（3-氨基丙基）三乙氧基硅烷〔（3-aminopropyl）triethoxysilane，APTES〕对Nb_2CT_x进行表面改性，在Nb_2CT_x表面形成保护层，同时成功地嫁接了氨基（—NH_2）官能团[58]。亲水性—NH_2充当电子供体，有助于响应酸性NO_2气体。如图1-9所示，氨基化Nb_2CT_x传感器对25 ppm NO_2气体的响应为31.52%，高于纯Nb_2CT_x基传感器的响应值（12.5%）。同时，氨基化Nb_2CT_x传感器对丙酮、乙醇、甲醇、NH_3、CO_2等气体都具有一定响应，这表明氨基化Nb_2CT_x传感器的选择性仍有待提升。

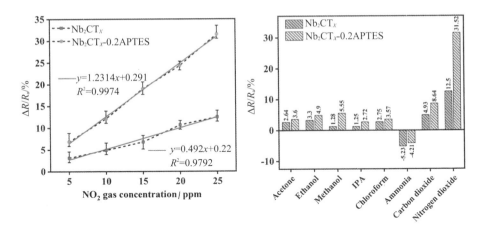

（a）传感器对NO₂气体的响应拟合曲线　　（b）传感器对不同气体的响应

图1-9　APTES修饰前后Nb₂CTₓ基气体传感器的性能图[58]

在原子/离子掺杂方面，2022年中国科学技术大学的宋卫国教授团队通过氯化镍（$NiCl_2$）熔盐刻蚀方法，将Ni元素原位掺杂在$TiC_{0.5}N_{0.5}$晶格中以增强原子之间的电荷转移，从而增加Ti原子的电荷密度[59]。掺杂后的Ni_1/$TiC_{0.5}N_{0.5}$气体传感器对NO₂气体具有10 ppb检测下限。同年，Hee-Tae Jung等人利用掺杂技术实现了碳化钼（Mo_2CT_x）材料的n型-p型导体的三相转变[60]，如图1-10（a）所示。TMAOH插层处理的5 nm厚的Mo_2CT_x表现出p型气敏响应，没有插层处理的Mo_2CT_x表现为n型响应，而厚度超过700 nm

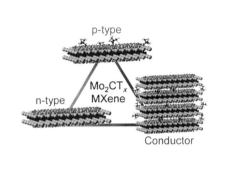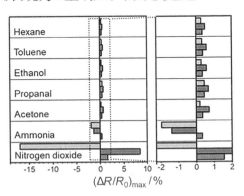

（a）Mo₂CTₓ材料三相转变　　　　（b）传感器对不同气体的响应

图1-10　Mo₂CTₓ基气体传感器[60]

注：ppb表示十亿分之一。

的 Mo_2CT_x 则表现为金属性。图 1-10（b）展示了 p 型 Mo_2CT_x 气体传感器对己烷、甲苯、乙醇、丙醛、丙酮、NH_3、NO_2 气体的响应，该气体传感器对 5 ppm NO_2 的响应为 16.98%，但也能交叉吸附其他气体分子。

在结构调控与形貌修饰方面，研究人员报道了少层 $Ti_3C_2T_x$[61]、风琴状多层 $Ti_3C_2T_x$[62]、$Ti_3C_2T_x$ 量子点[63]、多孔褶皱 $Ti_3C_2T_x$ 微球[45]等一系列研究工作。图 1-11 展示了具有不同形貌结构的 $Ti_3C_2T_x$ 材料。2022 年，卢革宇团队利用超声喷雾热解技术制备了具有三维（three dimensional，3D）多孔褶皱结构的 $Ti_3C_2T_x$ 微球，并进一步开发了基于 $Ti_3C_2T_x$ 微球的 NO_2 气体传感器与压力传感器[45]。与 2D MXene 纳米片相比，3D 多孔 $Ti_3C_2T_x$ 微球不仅具有抗聚集结构，减少了薄膜聚集所引起的比表面积损失，而且多孔微球具有丰富的边缘缺陷，有利于气体吸附与反应。

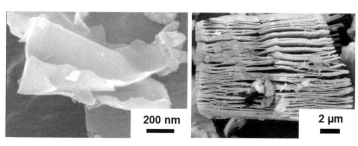

（a）少层纳米片[61]　　　　（b）风琴状多层结构[62]

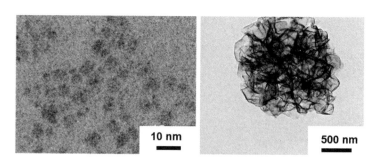

（c）量子点[63]　　　　（d）多孔褶皱微球[45]

图 1-11　不同形貌结构的 $Ti_3C_2T_x$ 材料

此外，具有不同微纳结构的金属氧化物半导体（如 ZnO[64-68]、SnO_2[69-72]、WO_3[61, 73-74]、CuO[75]、Co_3O_4[76-77]）、TMDs（如 SnS_2[78]、WS_2[79-80]、MoS_2[81-83]）、

碳系材料（如石墨烯及其衍生物[51, 84]）等也是重要的MXene复合相。所报道的金属氧化物半导体具有纳米颗粒、纳米棒、纳米线、量子线、多孔纳米片、纳米片团簇、微球等不同的形貌结构，而TMDs多为纳米片与纳米片团簇结构。2022年，江南大学的王靖教授团队通过NaOH水解方法在$Ti_3C_2T_x$纳米片上生长了ZnO纳米棒，并在紫外光照射下实现了ppb级的NO_2气体检测，如图1-12所示[85]。

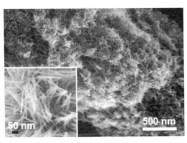

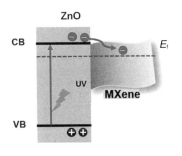

（a）$Ti_3C_2T_x$/ZnO复合敏感材料的SEM图，插图为ZnO纳米棒的SEM图

（b）紫外光照射下光生载流子的电子转移示意图

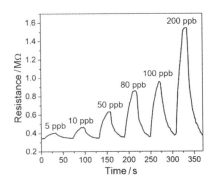

（c）传感器对5～200 ppb NO_2的响应曲线

图1-12 $Ti_3C_2T_x$/ZnO基气体传感器[85]

2021年，张冬至教授团队开发了一种基于$Ti_3C_2T_x$/WO_3纳米复合材料的摩擦纳米发电机（triboelectric nanogenerator，TENG）型气体传感器[73]。由WO_3颗粒组成的纳米纤维可以减少$Ti_3C_2T_x$薄片的堆积，在室温下TENG驱动的气体传感器对20 ppm NO_2气体的响应为510%，检测下限为0.5 ppm。2023年，杨志教授团队设计了一种集成$Ti_3C_2T_x$非金属电极与$Ti_3C_2T_x$/WS_2气

敏薄膜的NO_2气体传感器，如图1-13（a）所示[80]。采用液相剥离技术制备了WS_2纳米片，并将其与$Ti_3C_2T_x$纳米片超声混合后得到了复合材料。图1-13（b）展示了碳纳米管电极（CE）、MXene电极（ME）、石墨烯电极（GE）基传感器对1 ppm NO_2的响应曲线。测试结果表明ME+$Ti_3C_2T_x$/WS_2气体传感器在室温下的响应最高，响应值为15.2%。然而，ME+$Ti_3C_2T_x$/WS_2气体传感器的响应输出与响应/恢复速度仍有提升空间。

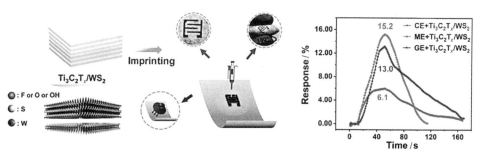

（a）传感器的制备示意图 　　　（b）碳纳米管电极、MXene电极与石墨烯电极基传感器对1 ppm NO_2的响应曲线

图1-13　$Ti_3C_2T_x$/WS_2基气体传感器[80]

综上可知，在种类众多的MXene家族中，对$Ti_3C_2T_x$的研究最为广泛。$Ti_3C_2T_x$基气体传感器存在响应低、可逆性差、恢复慢等不足；同时，$Ti_3C_2T_x$高载流子传输效率与众多的活性位点，使其在气体检测方面具有较差的选择性。此外，相比于传统的金属氧化物基气体传感器，表面缺陷吸附、分子插层、膨胀作用以及表面电荷转移等因素对MXene基NO_2气体传感器性能的综合影响尚不清晰、气敏机理模糊[14]。近年来，虽然MXene及其复合材料基NO_2气敏薄膜近些年被不断地开发，然而，在室温环境下研制出兼具高灵敏、高响应、快速、低检测下限、高稳定的NO_2气体传感器仍是主要挑战之一。

（2）NH_3与VOCs气体传感器

NH_3作为一种典型的还原性气体，MXene基NH_3传感器也被广泛研究。以$Ti_3C_2T_x$为例，$Ti_3C_2T_x$基NH_3传感器的电学特性测试表明传感器的电阻值随着NH₃浓度的增加而增加。目前，这种正向电阻响应行为存在以下两种机理解释：①当NH₃分子吸附在材料表面时，$Ti_3C_2T_x$表现为p型半导体特性[46]。NH₃的孤对电子向$Ti_3C_2T_x$转移，并与$Ti_3C_2T_x$的空穴相复合，从而导致敏感层的空穴载流子浓度下降[14]。②$Ti_3C_2T_x$表现为金属或半金属特性，气体分子的吸附阻碍了载流子传输，导电通路减少，从而导致传感器电阻值增加[14, 86-87]。同NO₂气体传感器一样，MXene基NH₃传感器普遍存在响应小、灵敏度低、选择性差等问题，因此，研究人员常采用以下几种策略提升其氨敏特性：①MXene复合金属氧化物（如CuO[88]、SnO_2[89]、WO_3[90]、$\alpha\text{-}Fe_2O_3$[91]）形成异质结增强；②MXene复合特异性有机聚合物［如聚苯胺（polyaniline，PANI）[92-93]、聚吡咯（polypyrrole，Ppy）[94]、阳离子聚丙烯酰胺（cationic polyacrylamide，CPAM）[95-96]］协同增强；③通过结构与形貌调控策略，如构建纤维素/$Ti_3C_2T_x$三维多孔结构[97]、$Ti_3C_2T_x$复合柏林绿有机金属框架结构[98]等，增加复合材料的比表面积与孔隙率来增强NH₃分子的吸附与扩散[14]。

MXene基VOCs气体传感器的检测对象主要包括乙醇、甲醇、丙酮、甲醛、甲苯等[99]。2017年，Dong-Joo Kim等人首次报道了$Ti_3C_2T_x$基气体传感器。如图1-14所示，传感器不仅对100 ppm NH₃具有超低的响应，而且对乙醇、甲醇、丙酮气体都具有响应[100]。针对混合气体检测，研究人员常采用传感器阵列与模式识别技术（如主成分分析、线性判别分析、偏最小二乘法）对VOCs混合气的种类与浓度进行识别。如浙江大学的谢金教授小组开发了一种基于$Ti_3C_2T_x$的传感器阵列，并结合模式识别算法对不同背景下的VOCs气体进行识别[101-102]。结果表明该策略可以有效识别人体呼出气中的含氧VOCs、不含氧VOCs和混合VOCs。以上阐述表明了MXene在气体检测领域的广泛应用。由于本书主要侧重于研究NO₂气体传感器，因此对MXene基NH₃与VOCs气体传感器的研究现状不做详细介绍。

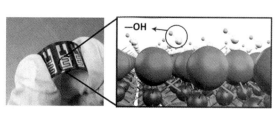
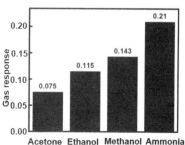

（a）传感器的光学照片及 Ti₃C₂Tₓ结构示意图

（b）传感器对丙酮、乙醇、甲醇、氨气气体的响应图

图 1-14　Ti₃C₂Tₓ基气体传感器[100]

1.3.2　MXene及其复合材料基湿度传感器

截至目前，电阻/电容型与质量敏感型MXene基湿度传感器的报道最为广泛。针对这类湿度传感器，从湿敏材料的设计角度出发，下面分别从单一MXene、金属离子嵌入MXene、官能团功能化MXene（如碱化、硫化、有机小分子共价接枝）、MXene复合亲水性有机物方面进行阐述。此外，随着人们环保意识的增强与新能源发电技术的日益成熟，自驱动湿度传感器逐渐被研究与报道。因此，本小节最后介绍了MXene基湿度传感器在自驱动方向上的相关研究。

2018 年，美国的 Eric S. Muckley 等人通过使用多频重量法、直流电阻和交流阻抗测试了 Ti₃C₂Tₓ薄膜器件的湿敏特性[103]。石英晶体微天平（quartz crystal microbalance，QCM）器件测试表明，在 45 MHz 下器件的检测极限为 0.1% 相对湿度（relative humidity，RH），灵敏度为 12 Hz·(%RH)⁻¹。此外，电学测试表明传感器的电阻随着湿度的增加而增加。2021 年，德国杜伊斯堡-埃森大学的 Hanna Pazniak 等人研究了多层 Mo₂CTₓ对湿度的电学响应[104]。图 1-15 展示了 Mo₂CTₓ基传感器对不同 RH 的响应曲线，Mo₂CTₓ薄膜的高信噪比使得传感器对水分子的检测范围为10～10 000 ppm，超过三个数量级。同时，交流阻抗测试与DFT计算结果表明了传感器的主要工作原理是基于电阻变化而不是电容变化的。

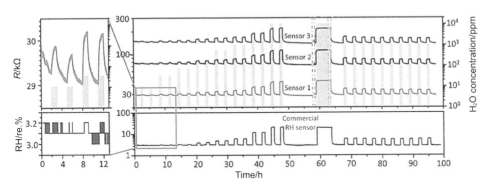

图1-15　Mo_2CT_x基传感器对不同RH的响应曲线[104]

为了进一步提升MXene材料的亲水性，研究人员常采用金属离子嵌入的方法功能化湿敏材料。2017年，美国的Eric S. Muckley等人设计了K^+和Mg^{2+}嵌入$Ti_3C_2T_x$的多模态湿度传感器，并研究了水分子对敏感材料的层间结构、电学性能和质量变化的影响[105]。理论计算表明了金属离子的添加可以显著增大$Ti_3C_2T_x$的层间距；实验结果表明了金属离子修饰后湿度传感器的电阻值在0～85% RH范围内单调递增，如图1-16（a）所示。2020年，以色列巴伊兰大学的Netanel Shpigel等人利用原位流体动力学光谱分析了不同阳离子

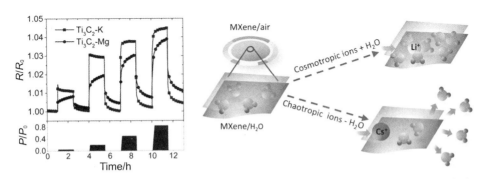

（a）K^+和Mg^{2+}修饰$Ti_3C_2T_x$基湿度传感器的电阻响应曲线[105]

（b）不同金属离子嵌入对$Ti_3C_2T_x$含水量影响示意图[106]

图1-16　金属离子修饰MXene

对Ti₃C₂Tₓ层间与介孔含水量的影响，结果表明亲水性阳离子（如Na⁺、Li⁺、Mg²⁺、Al³⁺）电荷尺寸比的增大有利于水分子的聚集如图1-16（b）所示[106]。

亲水性官能团是敏感材料化学吸附水分子的关键，下面分别介绍通过碱化、硫化、有机小分子共价接枝的方法实现MXene材料功能化。在碱化MXene方面，吉林大学的卢革宇团队[62]与秦文静团队[107]都采用NaOH碱化处理Ti₃C₂Tₓ材料，该方法可以去除Ti₃C₂Tₓ表面的—F终端，并形成大量的亲水性—OH和—O官能团。此外，亲水性Na⁺的嵌入也有利于提升传感器的湿敏性能。NaOH碱化处理Ti₃C₂Tₓ材料示意图如图1-17所示。碱化后Ti₃C₂Tₓ湿敏薄膜的电阻值随着湿度的增加呈现出下降的趋势，这可归因于碱化后Ti₃C₂Tₓ薄膜导电性变差与亲水性增强，物理吸附的大量水分子电离出H₃O⁺与OH⁻，导致湿敏薄膜电阻下降。

此外，深圳大学的研究人员采用KOH碱氧化法制备了海胆状Ti₃C₂/TiO₂复合材料基电容式湿度传感器[108]。与纯Ti₃C₂或TiO₂相比，复合材料在7%~33% RH范围内表现出~280% pF·RH⁻¹的灵敏度。采用滴涂法制备的Ti₃C₂/TiO₂基柔性传感器阵列，可用于检测婴儿尿布的湿度、水温以及人体指尖的接近度。2021年，张彤课题组也采用KOH碱化制备了Ti₃C₂Tₓ/K₂Ti₄O₉复合材料，K₂Ti₄O₉纳米线生长于Ti₃C₂Tₓ表面形成了多空框架结构，有利于促进水分子的吸附与扩散[109]。

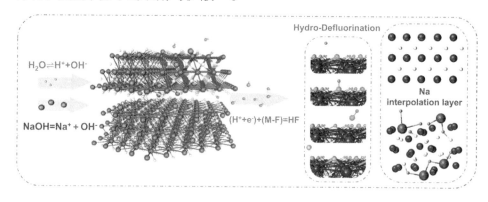

图1-17　NaOH碱化处理Ti₃C₂Tₓ材料示意图[107]

2023年，研究人员采用硫化铵［(NH₄)₂S］对Ti₃C₂Tₓ材料进行硫化处理，并进一步制备了QCM型湿度传感器[110]。测试结果表明硫化的$Ti_3C_2T_x$湿度传感器具有105 Hz·(%RH)$^{-1}$的灵敏度，同时响应时间与恢复时间分别为13 s和6 s。同年，波兰的Iwona Janica等人采用APTES共价连接$Ti_3C_2T_x$作为锚定单元，随后通过C—N键连接各种有机溴化物，如图1-18所示[111]。所设计的线性链功能化$Ti_3C_2T_x$材料可用于制备化学电阻式湿度传感器。

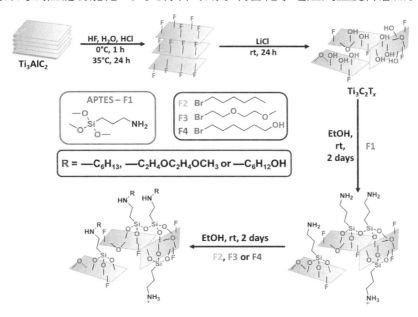

图1-18　有机小分子功能化$Ti_3C_2T_x$材料示意图[111]

此外，MXene复合亲水性有机聚合物，如聚二烯丙基二甲基氯化铵[poly（diallyldimethylammonium chloride），PDAC][112]、壳聚糖[113-115]、聚多巴胺（polydopamine，PDA）[116-117]、纤维素[117-118]、聚氮化碳（g-C_3N_4）[119]，也是一种提升湿敏特性的有效策略。例如，2019年美国的Hyosung An等人报道了一种基于$Ti_3C_2T_x$/PDAC的超快湿度传感器，并将其用于人体呼吸监测[图1-19（a）][112]。采用电负性不同的$Ti_3C_2T_x$与PDAC静电相互吸附，在柔性基底上通过层层组装工艺制备了均匀、可控的$Ti_3C_2T_x$/PDAC复合湿敏膜。如图1-19（b）所示，$Ti_3C_2T_x$/PDAC基湿度传感器具有超快的响应/恢复速度，响应时间与恢复时间分别为110 ms与220 ms。2022年，研究人员采用有机物2，2，6，6-四甲基哌啶氧化物来氧化纤维素纳米纤维为模板，并通过真空辅助过滤策略将其与$Ti_3C_2T_x$组装成多功能的纳米复合膜[118]。复合膜不仅具有128.13 MPa的拉伸强度，而且可以基于膨胀/收缩机制吸附水分子，在97% RH下传感器的响应为90%。

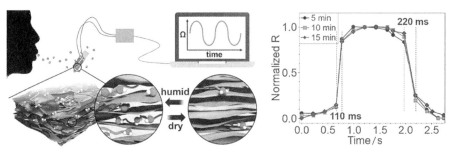

（a）传感器应用于人体呼吸检测示意图　　（b）传感器在不同PDAC沉积时间下的归一化响应曲线

图1-19　$Ti_3C_2T_x$/PDAC基湿度传感器[112]

随着自驱动电子领域的发展，结合纳米发电技术与MXene衍生材料以开发智能湿度传感器也逐渐被报道。2021年，研究人员通过静电纺丝工艺制备了PVA/$Ti_3C_2T_x$纳米纤维膜，并结合$MoSe_2$基压电纳米发电机制备了柔性湿度传感装置[11]。如图1-20所示，在压电纳米发电机的驱动下，PVA/$Ti_3C_2T_x$基湿度传感器的输出电压随着湿度的增加而下降。2022年，Sagar

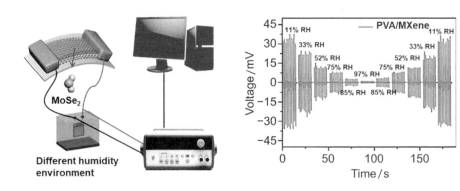

（a）传感器的测试系统示意图　　（b）传感器对11%～97% RH的输出响应

图1-20　压电纳米发电机驱动的PVA/$Ti_3C_2T_x$基湿度传感器[11]

Sardana 等人报道了基于 $Ti_3C_2T_x$ 与乙酸纤维素纳米纤维的 TENG 型湿度传感器，该器件在 44%～80% RH 下的电压输出具有良好的线性度[120]。摩擦电或压电型湿度传感器需要结合纳米发电机与湿度传感单元或湿敏薄膜，且仍需要收集外部能量（如机械能）驱动湿度传感器工作。

除此之外，Li Peida 等人还报道了一种基于 $Ti_3C_2T_x$/纤维素/聚苯乙烯磺酸（polystyrene sulfonic acid，PSSA）复合膜的湿度制动器[121]，如图 1-21 所示。在湿度梯度下，复合膜的不对称膨胀将湿度转换为机械能。当湿度从 20% RH 增加到 97% RH 时，制动器的弯曲角度从 20°增加到 130°。同时，该制动器还可作为发电机，通过水分子的定向扩散产生 0.3 V 的开路电压。

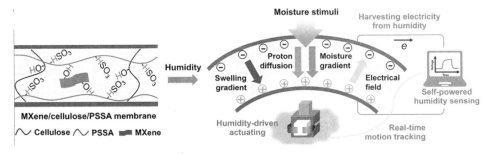

图 1-21 $Ti_3C_2T_x$/纤维素/PSSA 基湿度制动器的工作机理示意图[121]

综上，通过金属离子嵌入、官能团功能化、亲水性有机物复合等策略可有效地改善 MXene 基湿度传感器的湿敏性能。目前，化学电阻/电容式湿度传感器的发展较为成熟，器件的性能指标基本可以满足日常生产与生活需求。不断增长的能源消耗和日益增长的环境意识引发了人们对绿色可再生能源的强烈要求，将绿色的水源发电技术与传感器技术相结合以构建自供电系统，也是未来电子技术的重要发展方向之一。然而，截至目前，发电型 MXene 基湿度传感器报道较少。现有器件的湿度检测范围、响应/恢复速度、可持续发电时间以及输出功率等特性方面仍有很大的改善空间，同时湿敏/发电耦合新机制仍有待探索。结合 MXene 材料特性以开发高响应、高功率、自驱动的智能电子器件具有大的发展潜力。

1.4 选题依据及主要研究工作

随着世界经济的发展，能源消耗带来了严重的环境污染，如城市雾霾、温室效应、酸雨等。氮氧化物的排放是造成大气污染的主要原因之一。根据文献报道，超过 1 ppm 的 NO_2 气体会引起人体呼吸道疾病和免疫力减弱[48]。美国健康安全标准规定 NO_2 的安全阈值为 3 ppm，而欧盟则规定城市大气中的 NO_2 气体浓度应处于 ppb 级别[76,122]。因此，发展高性能的 NO_2 气体传感器来实时检测 NO_2 浓度并及时发出预警，对绿色的生态环境、工人与居民的生命安全健康十分重要。然而，目前化学电阻型 NO_2 气体传感器在高灵敏、高选择、快响应、低功耗等方面仍具有挑战。与此同时，湿度作为气体检测中不可忽略的参量，研发湿度传感器对环境湿度进行实时检测并对气体传感器进行湿度校准，在工业、农业、医学和气象学中十分重要。随着不断增长的能源消耗和日益增加的环境保护意识，结合先进的纳米发电技术，开发自驱动、多功能、便携式、智能化的湿度传感器极大地引起了研究者的兴趣。

敏感材料作为气湿敏传感器的核心，受到了广泛关注。目前，各种敏感材料，包括金属氧化物、碳基材料、过渡金属卤化物以及导电聚合物等，已被用于制造气体和湿度敏感器件。MXene 作为一类新兴的 2D 材料，具有大的比表面积、可调的电学特性、丰富的表面活性位点、可室温检测等特性，被认为是气体和湿度检测中极具潜力的候选材料。因此，本书围绕 MXene 材料，结合不同的复合纳米材料、器件结构设计与制备工艺，对气体与湿度两个化学参量的检测开展了相关研究。

综上分析，本书将 MXene 基复合薄膜气湿传感器设计制备与特性研究作为选题，主要研究内容如图1-22所示。第二章与第三章以电阻型 NO_2 气体传感器为研究内容。第二章采用γ-聚谷氨酸［γ-Poly（l-glutamic acid），γ-PGA］修饰 $Ti_3C_2T_x$，制备了气敏复合薄膜，提出了水分子辅助下有效吸附与阻塞效应的增强策略，实现了 $Ti_3C_2T_x$/γ-PGA气体传感器的高响应与快恢复。在第二章的基础上，第三章提出了对 NO_2 气体分子具有强吸附特性的双金属MXene材料——钼钛碳化物（ $Mo_2TiC_2T_x$ ），并通过原位生长工艺将其与 MoS_2 耦合形成边缘富集的异质结构，设计制备了 $Mo_2TiC_2T_x$/MoS_2 气体传感器，在室温下实现了高选择、低检测下限的 NO_2 检测。第四章与第五章结合纳米发电与传感技术，以发电型湿度传感器为研究内容。第四章基于离子扩散效应，通过静电纺丝工艺制备了类神经元网络结构的 Nb_2CT_x/海藻酸钠（sodium alginate，SA）纺丝复合膜。在第四章的基础上，第五章提出了基于原电池工作机制的 Nb_2CT_x/透明质酸（hyaluronic acid，HA）湿度传感器，有效地提升了发电型湿度传感器的湿敏特性与输出功率。

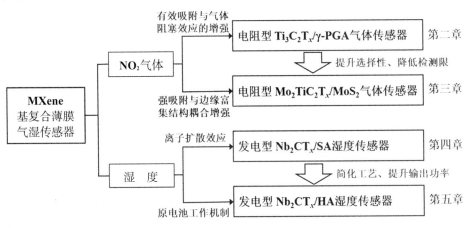

图1-22　主要研究内容

第二章

Ti₃C₂T$_x$/γ-PGA基NO₂气体传感器制备与特性研究

2.1 引言

    $Ti_3C_2T_x$作为一种典型的MXene材料，在储能、电磁干扰屏蔽与传感器等各领域得到了广泛的研究[13]。$Ti_3C_2T_x$具有众多的气体分子吸附位点、2D层状结构与高的载流子迁移率，已被用于开发气体传感器[17]。然而，$Ti_3C_2T_x$基气体传感器存在响应低、可逆性差、恢复慢等不足[35, 49, 58, 60]，这阻碍了其在NO₂气体检测中的进一步应用。为了提高$Ti_3C_2T_x$材料的气敏性能，常见的策略主要包括以下三个方面：①掺杂原子或金属离子来改变$Ti_3C_2T_x$的吸附性能；②采用有机或无机分子对$Ti_3C_2T_x$进行表面改性；③复合金属氧化物、TMDs、碳基纳米材料或有机聚合物形成异质结增强[99]。虽然上述策略可以有效提高$Ti_3C_2T_x$的气敏性能，但对于大多数基于电子传输机制的气体传感器，在室温下实现响应高、速度快、可逆性好等特性仍然是一个挑战。

    近几年，研究者陆续报道了导电水凝胶基气体传感新机制[123-125]。当目标气体扩散到水凝胶中时，发挥电荷传导作用的离子运动受到阻碍，从而导致器件的电阻值快速增加。例如，2019年中山大学的吴进等人报道了一种离子导电型聚丙烯酰胺/卡拉胶基水凝胶[123]。当水凝胶吸附气体分子后，气体分子会阻碍K^+和Cl^-离子运动，导致传感器电阻值增加，从而输出正电阻响应（即传感器的电阻值随着气体浓度增加而增加）。受其启发，γ-PGA是一种纳豆芽孢杆菌发酵产生的天然阴离子聚合物，由氨基和羧基通过酰胺键缩合形成[126]。在湿度环境下，γ-PGA特殊的电负性和官能团可通过非共价键（氢键或静电相互作用）吸附电子受体型气体分子。先前的研究表明$Ti_3C_2T_x$对氧化性与还原性气体都表现为正电阻响应行为，这可归因于气体分子阻碍了$Ti_3C_2T_x$敏感层的载流子传输通道[86-87,127]。因此，采用γ-PGA修饰$Ti_3C_2T_x$的策略有望进一步增强$Ti_3C_2T_x$材料对NO₂气体的正电阻响应。复合材料不仅可以利用$Ti_3C_2T_x$纳米片结构为气体分子提供丰富的吸附位点，而且可以利用γ-PGA的非共价键增强与NO₂气体分子之间的相互作用。

综上分析，本章采用γ-PGA修饰$Ti_3C_2T_x$以增强$Ti_3C_2T_x$基气体传感器的正电阻响应行为，提出了水分子辅助下有效吸附和阻塞效应的增强策略。首先，通过刻蚀与插层工艺制备了少层$Ti_3C_2T_x$纳米片，并采用机械混合制备$Ti_3C_2T_x$/γ-PGA复合材料。采用气喷工艺在叉指电极上沉积$Ti_3C_2T_x$/γ-PGA复合薄膜，制备了电阻型NO₂气体传感器。在50% RH环境下，测试与分析了传感器的气敏响应、重复性、湿度影响、选择性、稳定性等，并进一步建立了传感器的气敏机理模型。

2.2 Ti₃C₂Tₓ/γ-PGA基NO₂气体传感器设计与制备

2.2.1 实验材料与设备

本章实验所涉及的主要化学原材料及实验仪器见表2-1所列。测试所用载气（干燥空气）购于成都市东风气体经营部，NO_2、NH_3、甲烷（CH_4）等气体购于四川中测标物科技有限公司；实验所用耗材如烧杯、塑料滴管、镊子、量筒等购于成都科维卓科技有限公司；清洗试剂如丙酮、无水乙醇均购于成都科龙化学试剂公司。

表2-1 化学原材料及实验仪器信息表

名称	相关参数	生产商
Ti_3AlC_2	200目	福斯曼科技（北京）有限公司
HF	40%～50%	上海阿拉丁生化科技股份有限公司
TMAOH	25% RH	上海阿拉丁生化科技股份有限公司
γ-PGA	Mw>700 000	上海易恩化学技术有限公司
聚酰亚胺（polyimide，PI）	厚：200 μm	成都科维卓科技有限公司
去离子水	电阻>18 MΩ	四川卓越水处理设备有限公司
真空干燥箱	ZK-82A	成都天宇电烘箱厂
离心机	H2050	上海卢湘仪离心机仪器有限公司
加热台	KF-130A	深圳市凯利顺科技有限公司
集热式恒温磁力搅拌器	DF-101S	郑州卓成仪器科技有限公司
气体流量计	MFC300	无锡爱拓利电子科技有限公司
电子天平	BS224S	北京赛多利斯仪器系统有限公司
超声清洗机	KQ-100DE	昆山市超声仪器有限公司
高精度湿度传感探头	HC2-S	瑞士Rotronic
冷冻干燥机	Biosafer-10A	赛飞（中国）有限公司
环境可控柔性电子测试系统	FE-SDT	北京中聚高科科技有限公司
磁力搅拌电热套	JRCL-D	上海捷昂仪器有限公司
高温高压反应釜	100 mL	上海捷昂仪器有限公司

2.2.2 Ti$_3$C$_2$T$_x$/γ-PGA敏感材料合成与传感器制备

（1）Ti$_3$C$_2$T$_x$纳米片合成

如图2-1所示，通过两步法合成Ti$_3$C$_2$T$_x$纳米片。首先，在塑料烧杯中加入15 mL去离子水和10 mL 40% HF水溶液，在1 min内缓慢加入1 g Ti$_3$AlC$_2$黑色粉末，如图2-2（a）所示；超声处理15 min，使粉末和刻蚀溶液充分混合，然后将混合溶液置于磁力搅拌器上，在室温（～25 ℃）下搅拌3 h，转速为500 r/min。搅拌结束后，采用去离子水离心清洗Ti$_3$C$_2$T$_x$初产物，直至上清液pH达到6～7。其次，将15 mL 25% TMAOH水溶液添加到上述沉淀物中进行插层处理，并将混合溶液置于集热式恒温磁力搅拌器上，在35 ℃下搅拌4 h，转速为500 r/min。搅拌结束后，使用去离子水循环清洗去除过量的TMAOH，并通过离心收集Ti$_3$C$_2$T$_x$浓缩浆料，如图2-2（b）所示。为了获得少层Ti$_3$C$_2$T$_x$纳米片，向上述浆料中加入去离子水并超声处理15 min。通过低速离心（3 000 r/min）去除尚未完全刻蚀的材料，然后通过高速离心（9 000 r/min）收集少层纳米片；最后对材料进行稀释，得到如图

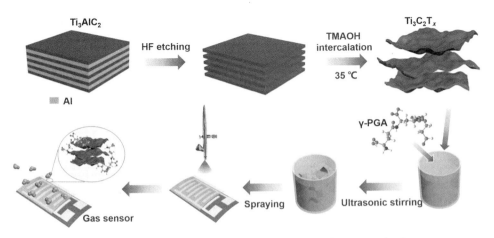

图2-1　Ti$_3$C$_2$T$_x$/γ-PGA基NO$_2$气体传感器制备流程示意图

2-2（c）所示的少层 $Ti_3C_2T_x$ 纳米片水溶液。此外，通过冻干 $Ti_3C_2T_x$ 纳米片水溶液可获得 $Ti_3C_2T_x$ 粉末。

（a）Ti_3AlC_2粉末　　（b）$Ti_3C_2T_x$浓缩浆料　　（c）$Ti_3C_2T_x$水溶液

（d）$Ti_3C_2T_x$（编号1）、$Ti_3C_2T_x/\gamma$-PGA-1（编号2）、$Ti_3C_2T_x/\gamma$-PGA-2（编号3）、
$Ti_3C_2T_x/\gamma$-PGA-3（编号4）、γ-PGA（编号5）

图2-2　材料与溶液的光学照片

（2）$Ti_3C_2T_x/\gamma$-PGA复合材料与传感器制备

配制 1 mg/mL γ-PGA 水溶液与 10 mg/mL $Ti_3C_2T_x$ 水溶液，超声处理 10 min 后备用。然后，将不同质量（80 mg、40 mg、10 mg）的 $Ti_3C_2T_x$ 粉末与 15 mL γ-PGA 水溶液混合以制备 $Ti_3C_2T_x/\gamma$-PGA 复合溶液，并将其分别标记为 $Ti_3C_2T_x/\gamma$-PGA-1、$Ti_3C_2T_x/\gamma$-PGA-2 与 $Ti_3C_2T_x/\gamma$-PGA-3。图2-2（d）展示了5种敏感材料水溶液的光学照片。$Ti_3C_2T_x/\gamma$-PGA基NO₂气体传感器的制备工艺流程如图2-1所示。采用简单的气喷工艺在PI衬底的金叉指电极上沉积敏感活性层，然后将传感器置于60 ℃环境下真空干燥12 h，得到复合薄膜气体传感器。同时，制备纯$Ti_3C_2T_x$气体传感器与纯γ-PGA气体传感器，作为实验对照组。

2.3 材料表征与分析

2.3.1 形貌与结构分析

Ti₃AlC₂与Ti₃C₂Tₓ材料的扫描电镜（scanning electron microscope，SEM）与透射电镜（transmission electron microscopy，TEM）微观形貌表征如图2-3所示。根据图2-3（a）可知，Ti₃AlC₂表现为层层堆叠的结构。HF刻蚀Al原子层后，Ti₃C₂Tₓ初产物呈现出典型的手风琴状多层结构，如图2-3（b）所示。经过TMAOH插层处理和超声后，Ti₃C₂Tₓ为少层纳米片结构，如图2-3（c）所示。图2-3（d）为少层Ti₃C₂Tₓ的TEM图像，表征结果表明Ti₃C₂Tₓ纳米片具有超薄结构。插图为高倍TEM图像，可以观察到清晰的晶格条纹，其晶格间距为0.265 nm。

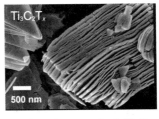

（a）Ti₃AlC₂的SEM图　　　　　（b）HF刻蚀后Ti₃C₂Tₓ初产物的SEM图

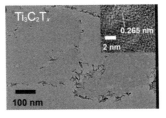

（c）少层Ti₃C₂Tₓ的SEM图　　　（d）少层Ti₃C₂Tₓ的TEM图，插图为高倍TEM图

图2-3　敏感材料的形貌结构表征

图 2-4（a）为 $Ti_3C_2T_x$/γ-PGA 复合敏感层的 SEM 图像，γ-PGA 附着在 $Ti_3C_2T_x$ 表面，可通过非共价键动态吸附气体分子。γ-PGA 敏感层的 SEM 表征如图 2-4（b）所示，敏感层均匀、平整，并伴有轻微的裂纹。与平整的 γ-PGA 敏感膜相比，复合材料中 $Ti_3C_2T_x$ 的少层纳米片结构可为气体分子提供更多的吸附位点，这有利于提高复合薄膜气体传感器的气敏响应。

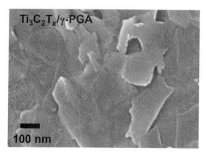 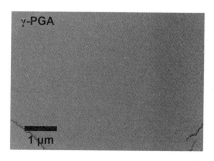

（a）$Ti_3C_2T_x$/γ-PGA 复合材料 　　　　　（b）γ-PGA

图 2-4　敏感材料的 SEM 表征

2.3.2　物相分析

Ti_3AlC_2 前驱体与少层 $Ti_3C_2T_x$ 材料的能量色散谱（energy dispersive spectroscopy，EDS）如图 2-5 所示。Ti_3AlC_2 材料主要由 Ti、C、Al、O 元素组成，各元素原子百分比分别为 38.4%、35.7%、13.6%、12.3%。Ti_3AlC_2 经过刻蚀与插层后，Al 元素的原子百分比从 13.6% 下降到 0.2%，表明 Ti_3AlC_2 的 Al 原子层被成功去除。此外，$Ti_3C_2T_x$ 材料的 O 元素含量增加至 25.2%，这可归因于 $Ti_3C_2T_x$ 纳米片表面的含氧官能团。

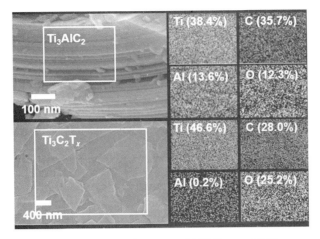

图 2-5　Ti₃AlC₂ 与 Ti₃C₂Tₓ 材料的 EDS 表征

如图 2-6 所示，采用 X 射线衍射（x-ray diffractometer，XRD）研究了 Ti₃AlC₂、Ti₃C₂Tₓ、γ-PGA 和 Ti₃C₂Tₓ/γ-PGA 的晶体结构。Ti₃AlC₂ 为典型的六方晶相，其衍射峰与标准卡片（JCPDS：#52-0875）匹配[128]。Ti₃C₂Tₓ 材料的衍射峰从左到右分别为（002）、（004）、（006）、（008）、（0010）和（0012）晶面[129]。相比之下，Ti₃AlC₂ 在 2θ=39°处的最强衍射峰（104）明显消失，表明 Ti₃C₂Tₓ 材料的成功刻蚀。同时，（002）峰的 2θ 值从 Ti₃AlC₂ 材料的 9.7°左移至 Ti₃C₂Tₓ 材料的 6.0°，表明刻蚀与插层处理后纳米片层间距的显著增大。γ-PGA 的 XRD 图谱表明它是一种半结晶聚合物，在 2θ 值为 14.2°与 19.2°处分别出现了两个较宽的衍射峰[130]。Ti₃C₂Tₓ/γ-PGA 复合材料中同时出现了 Ti₃C₂Tₓ 与 γ-PGA 的衍射峰，表明复合材料的成功制备。与 γ-PGA 复合后，Ti₃C₂Tₓ 的衍射峰略微向左移动，这可能是由于部分 γ-PGA 有机物嵌入了 Ti₃C₂Tₓ 纳米片层间，导致其层间距发生了微弱变化[131]。

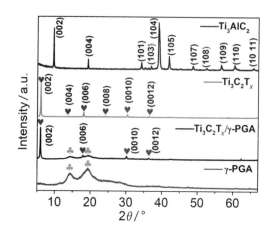

图2-6　Ti₃AlC₂、Ti₃C₂Tₓ、γ-PGA与Ti₃C₂Tₓ/γ-PGA复合材料的XRD表征

2.3.3　化学键分析

Ti₃C₂Tₓ、γ-PGA、Ti₃C₂Tₓ/γ-PGA复合材料的傅里叶红外光谱（fourier-transform infrared spectroscopy，FTIR）如图2-7所示。Ti₃C₂Tₓ纳米片在550 cm⁻¹处的吸收峰对应于Ti—C键的振动模式[132]。γ-PGA在3 443 cm⁻¹、

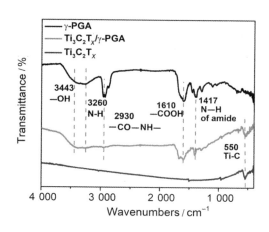

图2-7　Ti₃C₂Tₓ、γ-PGA与Ti₃C₂Tₓ/γ-PGA复合材料的FTIR表征

3 260 cm⁻¹、2 930 cm⁻¹、1 610 cm⁻¹、1 417 cm⁻¹处具有明显的特征吸收峰,分别对应于—OH、游离胺的N—H、酰胺的CO—NH、—COOH、N—H[126,133-134]。与Ti₃C₂Tₓ相比,复合材料的—OH、—COOH与酰胺基强度显著增强。

如图2-8与图2-9所示,采用X射线光电子能谱(x-ray photoelectron spectroscopy, XPS)分析了敏感材料的化学价态。图2-8(a)展示了纯Ti₃C₂Tₓ材料的XPS全谱,其包含了所有预期的元素峰,如O KLL、F KLL、F 1s、Ti 2s、O 1s、Ti 2p、N 1s、C 1s。图2-8(b)显示了Ti₃C₂Tₓ的Ti 2p光谱,位于454.8 eV、455.7 eV、457.2 eV与458.8 eV的Ti 2p₃/₂峰分别对应于Ti—C、Ti—x、TiₓOᵧ与TiO₂[35,113]。图2-8(c)显示了Ti₃C₂Tₓ的C 1s光谱,位于282.0 eV、284.7 eV、286.5 eV、288.8 eV处的特征峰分别代表C—TiC、C—C、C—O、C—F。

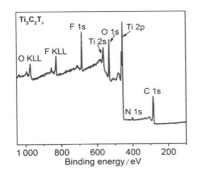

(a)XPS全谱

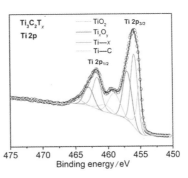

(b)Ti 2p谱

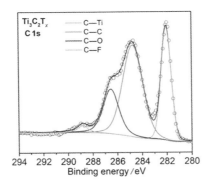

(c)C 1s谱

图2-8　Ti₃C₂Tₓ材料的XPS表征

Ti$_3$C$_2$T$_x$/γ-PGA复合材料的XPS全谱如图2-9（a）所示。与纯Ti$_3$C$_2$T$_x$全谱相比，复合材料的F 1s衍射峰强度减弱，但O 1s和N 1s衍射峰强度增强。Ti$_3$C$_2$T$_x$/γ-PGA复合材料的Ti 2p光谱如图2-9（b）所示。在图2-9（c）中，281.8 eV、284.8 eV、286.0 eV、286.2 eV、287.8 eV、288.2 eV处的C 1s峰分别为C—Ti、脂族碳（C—C和C—H）、氨基碳（C—N）、羟基碳（C—O）、酰胺键（—CONH—）、羧基碳（—COO—）[135-136]。与纯Ti$_3$C$_2$T$_x$的C 1s相比，复合材料C—Ti衍射峰显著降低，这意味着部分还原态的Ti离子被转化为TiO$_2$或Ti$_x$O$_y$，这与TiO$_2$衍射峰的增强相互对应。Ti$_3$C$_2$T$_x$/γ-PGA复合材料的N 1s光谱如图2-9（d）所示，在401.9 eV、400.2 eV、399.1 eV处的衍射峰分别代表—CONH—、N—H、N—C[137-138]。上述XPS分析结果表明，Ti$_3$C$_2$T$_x$/γ-PGA复合材料具有羧基、氨基和酰胺基，这有利于增强NO$_2$分子的吸附。

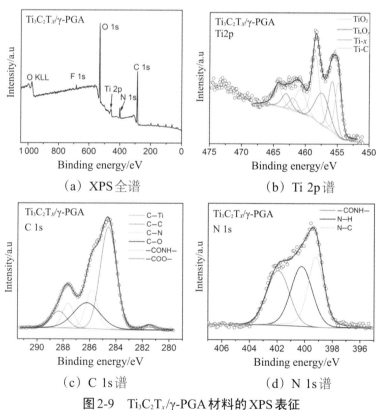

（a）XPS全谱   （b）Ti 2p谱

（c）C 1s谱   （d）N 1s谱

图2-9　Ti$_3$C$_2$T$_x$/γ-PGA材料的XPS表征

2.4 NO_2气体传感器性能测试与分析

2.4.1 测试方法与测试系统搭建

气体传感器的性能测试系统由待测标准气体源（100 ppm NO_2、100 ppm NH_3、100 ppm H_2S、100 ppm SO_2、100 ppm CH_4、1% CO_2）、干燥空气、电子测试设备、质量流量计（mass flow meter，MFC）、测试腔等搭建组成，如图2-10所示。干燥空气采用成分配比为79% N_2与21% O_2的混合载气。湿气通过冒泡蒸馏水的空气控制，并采用高精度商用湿度计（本测试采用Rotronic公司生产的HC2-S）校准测试腔中的RH。

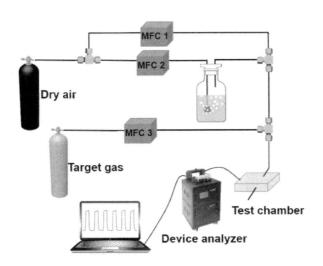

图2-10　气体传感器气敏性能测试系统示意图

采用稀释法产生符合检测要求的不同浓度实验样气，以进行气体传感器的性能测试。其原理是：在控制总流量不变的条件下，通过调节湿气、干燥空气与标准气体源的流量配比，产生痕量浓度的待测气体。其计算方法如式（2-1）所示，式中，C 为待测气体浓度；C_0 为标气浓度；L_0 为标气流量；L 为气体总流量。测试腔内通入的气体浓度由自行搭建的气体稀释装置调控，总流量控制为每分钟 200 mL（standard cubic centimeter per minute，sccm），湿度控制为 50% RH。根据表 2-2 的流量配比，由此产生的 NO_2 气体的浓度范围为 0～50 ppm。为了测试湿度对传感器气敏响应的影响，表 2-3 展示了不同 RH 的流量配比，其中实际 RH 为高精度商用温湿度计校准后的结果。

$$C=C_0 \times L_0/L \qquad (2-1)$$

表2-2　不同 NO_2 气体浓度的流量配置

MFC 1/sccm	MFC 2 /sccm	MFC 3 /sccm	RH/%	气体浓度/ppm
100	100	0	50	0
96	100	4	50	2
92	100	8	50	4
88	100	12	50	6
84	100	16	50	8
80	100	20	50	10
60	100	40	50	20
40	100	60	50	30
20	100	80	50	40
0	100	100	50	50

表2-3　不同RH的流量配置

MFC 1/sccm	MFC 2/sccm	MFC 3/sccm	理论RH/%	实际RH/%
200	0	0	0	0
140	60	0	30	28.8
120	80	0	40	41.1
100	100	0	50	50.0
80	120	0	60	60.8
40	160	0	80	79.3

在本章中，气体传感器的响应定义如下：响应值=$(R_g-R_a)/R_a\times100\%$。其中，R_g为传感器在目标气体下的电阻值，R_a为传感器在载气下的电阻值。响应时间与恢复时间分别定义为气体传感器在吸附和解吸下达到稳定值90%的时间。灵敏度定义为响应-浓度线性拟合曲线的斜率。重复性定义为循环测试下响应电阻值的相对标准偏差（relative standard deviation，RSD）。根据国际纯粹与应用化学联合会（International Union of Pure and Applied Chemistry，IUPAC）对检测极限的定义[139]，本文将检测下限定义为在最小测试浓度下气体传感器输出信噪比大于3时，该浓度即该气体传感器的检测下限。

2.4.2　NO₂气敏响应特性、重复性与一致性研究

图 2-11 展示了 Ti₃C₂Tₓ、Ti₃C₂Tₓ/γ-PGA-1、Ti₃C₂Tₓ/γ-PGA-2、Ti₃C₂Tₓ/γ-PGA-3、γ-PGA 基5种气体传感器对不同NO₂浓度的实时电阻变化曲线。如图2-11（a）所示，纯Ti₃C₂Tₓ基气体传感器的输出电阻值随着NO₂浓度的增加而增加，在较长的响应与恢复期内，传感器对50 ppm NO₂具有13.2%的微弱响应。此外，在室温下Ti₃C₂Tₓ传感器存在严重的基线漂移（即关闭

NO$_2$气体后传感器的电阻值很难恢复到初始值）。在2～50 ppm NO$_2$响应后，基线电阻从605.1 Ω增加到790.9 Ω，变化了30.7%，这表明NO$_2$气体分子很难从Ti$_3$C$_2$T$_x$上解吸或者Ti$_3$C$_2$T$_x$已发生氧化变质。图2-11（b）显示了纯Ti$_3$C$_2$T$_x$传感器对50 ppm NO$_2$的6个循环的重复性曲线。同样地，结果表明其响应值和基线值存在严重漂移，响应电阻的RSD为8.00%。上述结果表明，纯Ti$_3$C$_2$T$_x$气体传感器存在响应小、恢复慢、可逆性差与重复性差的不足。

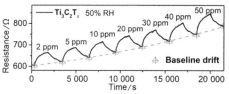

（a）纯Ti$_3$C$_2$T$_x$基气体传感器对2～50 ppm NO$_2$的实时电阻响应曲线

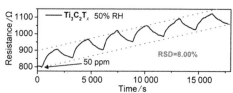

（b）纯Ti$_3$C$_2$T$_x$基气体传感器对50 ppm NO$_2$的重复性曲线

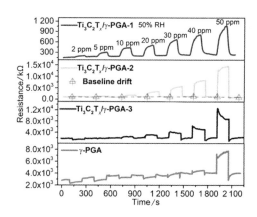

（c）Ti$_3$C$_2$T$_x$/γ-PGA-1、Ti$_3$C$_2$T$_x$/γ-PGA-2、Ti$_3$C$_2$T$_x$/γ-PGA-3与纯γ-PGA基气体传感器对2～50 ppm NO$_2$的实时电阻变化曲线

图2-11　气体传感器对不同浓度NO$_2$的气敏响应图

图2-11（c）显示了Ti$_3$C$_2$T$_x$/γ-PGA-1、Ti$_3$C$_2$T$_x$/γ-PGA-2、Ti$_3$C$_2$T$_x$/γ-PGA-3与纯γ-PGA基传感器对2～50 ppm NO$_2$的动态响应恢复曲线。γ-PGA的加入刺激了Ti$_3$C$_2$T$_x$的正电阻响应行为，直至Ti$_3$C$_2$T$_x$/γ-PGA-2输出最高响应。然而，随着γ-PGA含量的进一步增加，在低NO$_2$浓度下，Ti$_3$C$_2$T$_x$/γ-PGA-3和纯

γ-PGA基气体传感器呈现出反向响应的趋势，这种非常规现象将在气敏机理部分进一步解释。因此，通过优化Ti₃C₂Tₓ与γ-PGA的复合比例，可在室温下开发出高响应的气体传感器。此外，复合薄膜气体传感器的基线漂移得到了有效的改善。在2~50 ppm NO₂响应后，Ti₃C₂Tₓ/γ-PGA-2气体传感器的基线电阻仅变化了3.80%，远低于纯Ti₃C₂Tₓ基气体传感器的基线电阻变化值。

图2-12（a）直观地展示了5种气体传感器对不同NO₂浓度的响应值。图2-12（b）为Ti₃C₂Tₓ/γ-PGA-2气体传感器的重复性测试曲线。当通入NO₂气体时，气体传感器的响应电阻可以快速达到稳定状态；关闭NO₂气体后，电阻快速下降并恢复到基线初始值。经过计算，Ti₃C₂Tₓ/γ-PGA-2气体传感器对10 ppm与50 ppm NO₂的重复性RSD分别为0.45%与0.94%，远小于纯Ti₃C₂Tₓ传感器的重复性RSD（8.00%）。上述结果表明，γ-PGA修饰是提升纯Ti₃C₂Tₓ传感器气敏响应、响应/恢复速度、可逆性与重复性的有效策略之一。

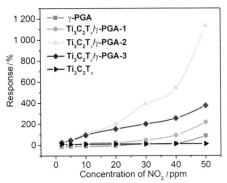
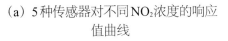
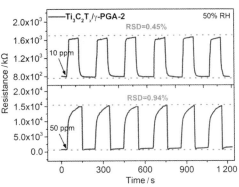

（a）5种传感器对不同NO₂浓度的响应　　（b）Ti₃C₂Tₓ/γ-PGA-2气体传感器的
　　　　值曲线　　　　　　　　　　　　　　　　重复性测试曲线

图2-12　气体传感器的气敏测试

图2-13为3个Ti₃C₂Tₓ/γ-PGA-2气体传感器的一致性测试。图2-13（a）和图2-13（b）显示了器件2与器件3对2～50 ppm NO₂的实时电阻变化曲线。图2-13（c）展示了3个Ti₃C₂Tₓ/γ-PGA-2气体传感器在不同NO₂浓度下的响应值误差棒。结果表明，传感器的响应值随着NO₂浓度的增加呈现出非线性增加的趋势，并且器件对50 ppm NO₂的响应平均值为1127.3%，是纯Ti₃C₂Tₓ传感器响应的85倍；此外，响应值的最大误差/平均值<10%，表明传感器具有良好的一致性。图2-13（d）为3个Ti₃C₂Tₓ/γ-PGA-2气体传感器在不同NO₂浓度下的响应/恢复时间误差棒。传感器对2～50 ppm NO₂的平均响应时间在30～50 s之间，最大标准偏差约为17 s。随着NO₂浓度的增加，平均恢复时间从23 s下降至3 s，最大标准偏差约为5 s，表明该气体传

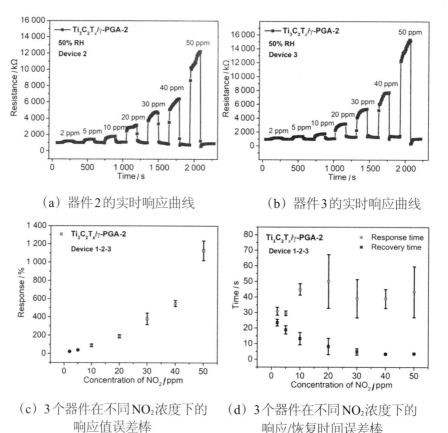

（a）器件2的实时响应曲线　（b）器件3的实时响应曲线

（c）3个器件在不同NO₂浓度下的响应值误差棒　（d）3个器件在不同NO₂浓度下的响应/恢复时间误差棒

图2-13　3个Ti₃C₂Tₓ/γ-PGA-2气体传感器的一致性测试

感器具有快的响应/恢复速度。表2-4展示了电阻型NO_2气体传感器的气敏特性，室温工作的$Ti_3C_2T_x/\gamma$-PGA-2气体传感器在响应值与恢复速度方面具有一定优势。

表2-4　电阻型NO_2气体传感器气敏特性

敏感材料	响应值 ($\|\Delta R\|/R_a \times 100\%$)	响应/恢复时间	工作条件	参考文献
$Ti_3C_2T_x$	4.5（5 ppm）	—	室温	[140]
TiO_2/Ti_3C_2	16.02（5 ppm）	—	室温	[35]
$Ti_3C_2T_x/ZnO$	～40（50 ppm）	34 s/103 s（100 ppm）	室温	[64]
PAM/CA	～238（5 ppm）	10.1 s/46.8 s（τ_{50}, 0.5 ppm）	室温	[123]
PVA/CA	～32（40 ppm）	54 s/26 s（40 ppm）	室温	[124]
GO	～45（9 ppm）	125 s/--（τ_{50}, 5 ppm）	150 ℃	[141]
RGO-ZnO	44（10 ppm）	140 s/630 s（15 ppm）	室温	[142]
RGO-SnS$_2$	32（5 ppm）	50 s/48 s（5 ppm）	150 ℃	[143]
$SnO_2@SnS_2$	5.3（R_a/R_g, 0.2 ppm）	950 s/1160 s（0.2 ppm）	蓝光	[144]
MoS_2	27（50 ppm）	29 s/350 s（100 ppm）	紫外光	[145]
$CdTe/MoS_2$	～40（10 ppm）	16 s/114 s（10 ppm）	室温	[146]
MoS_2/PbS	～15（50 ppm）	30 s/235 s（100 ppm）	室温	[147]
$WS_2/CNFs$	2.11（R_a/R_g, 10 ppm）	54 s/305 s（10 ppm）	室温	[148]
$Ti_3C_2T_x/\gamma$-PGA	1127（50 ppm）	～43.4 s/3 s（50 ppm）	室温	本章

　　注：PAM：聚丙烯酰胺；CA：卡拉胶；CNFs：碳纳米纤维；τ_{50}：气体传感器在吸附状态下达到稳定值50%的时间。

2.4.3　湿度影响测试与湿度补偿

　　水分子的吸附会影响气体传感器的输出信号。为了研究湿度对气体传感器的影响，图2-14（a）～图2-14（e）展示了$Ti_3C_2T_x/\gamma$-PGA-2基气体传感器在不同湿度下（28.8% RH、41.1% RH、50% RH、60.8% RH与79.3% RH）

对 2～10 ppm NO$_2$ 的动态响应。如图 2-14（f）所示，在相同的 NO$_2$ 浓度下，气体传感器的响应随着湿度的增加，呈现出先升高后降低的趋势，并在 41.1% RH 附近达到最大值。这表明气体分子和水分子在敏感材料表面存在竞争吸附[149]。

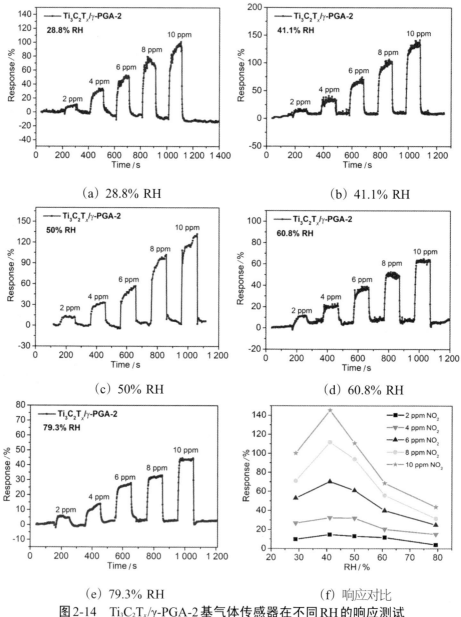

(a) 28.8% RH

(b) 41.1% RH

(c) 50% RH

(d) 60.8% RH

(e) 79.3% RH

(f) 响应对比

图 2-14　Ti$_3$C$_2$T$_x$/γ-PGA-2 基气体传感器在不同 RH 的响应测试

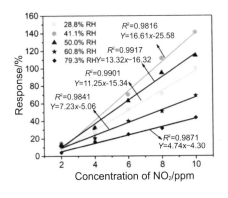

（a）Ti₃C₂Tₓ/γ-PGA-2 基气体传感器在不同 RH 下对 2～10 ppm NO₂ 的线性拟合曲线

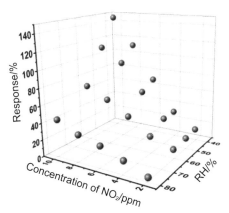

（b）气体传感器在 41.1%～79.3% RH 下的稳定响应值

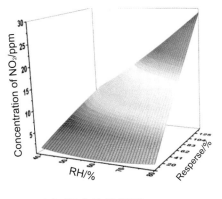

（c）湿度补偿模型

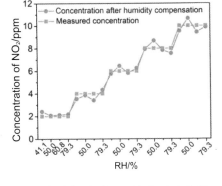

（d）湿度补偿前后 NO₂ 浓度对比曲线

图 2-15　湿度补偿

　　湿度对气体传感器的影响在实际应用中普遍存在，目前有三种典型的方法可削弱湿度干扰：①在测试前使用除湿器对目标气体进行预处理[150]；②采用疏水材料改性或仿生疏水结构设计以提高敏感材料的抗湿性[151]；③通过传感器阵列与先进的数据处理，建立湿度补偿模型以最小化交叉干扰[152]。本文选择第三种方法解决湿度对气体传感器的影响。由图 2-15（a）所示的线性拟合曲线可知，Ti₃C₂Tₓ/γ-PGA-2 气体传感器在 28.8% RH、41.1% RH、50% RH、60.8% RH、79.3% RH 下具有良好的灵敏度（11.25 ppm⁻¹、

16.61 ppm^{-1}、13.32 ppm^{-1}、7.23 ppm^{-1}与4.74 ppm^{-1}）和线性度（R^2=0.999 1、0.981 6、0.991 7、0.984 1与0.987 1）。传感器的灵敏度变化趋势与响应值变化趋势一致，随着湿度的增加，灵敏度先升高后降低。

结合常见的大气环境湿度（40%～70% RH）[153-154]，在41.1%～79.3% RH下对2～10 ppm NO$_2$建立湿度补偿模型。采用统计回归分析来寻找气体浓度（C）、相对湿度（H）和气敏响应（R）之间的关系，并基于多元二次回归实现气体传感器的湿度补偿[155]。图2-15（b）为气体传感器在41.1%～79.3% RH下的稳定响应值，使用式（2-2）来拟合实验点。建立的模型如图2-15（c）所示，拟合系数a_0=9.117 7、a_1=−2.814 1×10^{-1}、a_2=−7.574 9×10^{-2}、a_3=2.319 1×10^{-3}、a_4=−7.145 9×10^{-5}与a_5=3.448 1×10^{-3}。图2-15（d）展示了湿度补偿前后NO$_2$浓度对比曲线，结果表明数据拟合度为R^2=0.980 3，最大误差为0.69 ppm。经过计算，2 ppm、4 ppm、6 ppm、8 ppm和10 ppm NO$_2$的平均误差百分比（浓度平均误差/标准浓度）分别为9.98%、9.62%、4.87%、4.15%和4.47%，表明了该湿度补偿方法的可行性。

$$C=f(H, R)=a_0+a_1H+a_2R+a_3H^2+a_4R^2+a_5HR \qquad (2\text{-}2)$$

2.4.4 选择性与稳定性

图2-16研究了气体传感器的选择性与稳定性。Ti$_3$C$_2$T$_x$与Ti$_3$C$_2$T$_x$/γ-PGA-2气体传感器对各种气体的响应曲线如图2-16（a）和图2-16（b）所示，所测试的气体为10 ppm NO$_2$/NH$_3$/H$_2$S/SO$_2$/CH$_4$与0.1% CO$_2$。根据图2-16（c）可知，Ti$_3$C$_2$T$_x$传感器对NO$_2$、NH$_3$、SO$_2$具有微小的响应（<10%），但对H$_2$S、CH$_4$、CO$_2$几乎没有响应。相比之下，Ti$_3$C$_2$T$_x$/γ-PGA-2气体传感器对六种气体具有更大的响应输出，并且对10 ppm NO$_2$具有最高的响应，这表明了复合薄膜与NO$_2$分子之间的有效吸附与电荷传导。此外，Ti$_3$C$_2$T$_x$/γ-PGA-2气体传感器对典型的还原性NH$_3$与氧化性NO$_2$均表现为正电阻响应

行为，这表明$Ti_3C_2T_x$/γ-PGA复合材料的气敏机理与传统的金属氧化物半导体材料体系不同，具体的机理分析将在2.5节阐述。

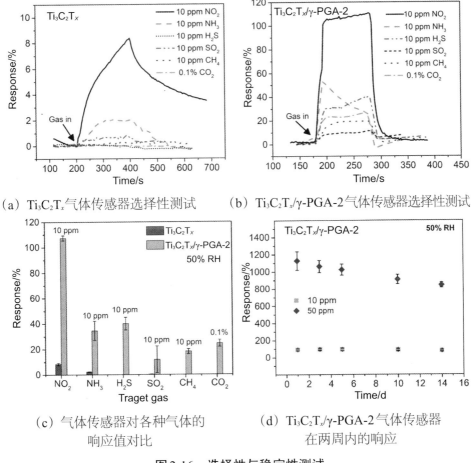

（a）$Ti_3C_2T_x$气体传感器选择性测试　　（b）$Ti_3C_2T_x$/γ-PGA-2气体传感器选择性测试

（c）气体传感器对各种气体的
响应值对比

（d）$Ti_3C_2T_x$/γ-PGA-2气体传感器
在两周内的响应

图2-16　选择性与稳定性测试

图2-16（d）展示了$Ti_3C_2T_x$/γ-PGA-2气体传感器的稳定性测试。结果显示，两周后传感器对10 ppm和50 ppm NO₂的响应分别下降了14%和23%。稳定性测试结果不佳可能归因于两方面：①$Ti_3C_2T_x$/γ-PGA复合材料被空气部分氧化，导致其化学性质发生变化；②储存环境中的湿度增加了复合膜中的水分子含量，NO₂溶解现象的增强导致气体传感器的响应值下降。因此，在实际应用中可采用老化、一对一校正与密封储存等手段提升传感器的稳定性[156]。

2.5 Ti₃C₂Tₓ/γ–PGA基NO₂气体传感器敏感机理分析

2.5 $Ti_3C_2T_x/\gamma\text{–PGA}$ 基 NO_2 气体传感器敏感机理分析

图2-17为气体传感器的敏感机理示意图，$Ti_3C_2T_x/\gamma$-PGA复合薄膜正电阻响应行为的增强归因于气体分子有效吸附与阻塞效应的增强。通过研究纯γ-PGA基气体传感器的气敏性能［见图2-11（c）］可知，随着NO_2浓度的增加，传感器从负电阻响应行为变为正电阻响应行为。气体分子可通过非共价键吸附在γ-PGA表面。在湿度环境中，空气中的水分子吸附在平整的γ-PGA薄膜上，容易在其表面形成水膜后产生OH^-与H_3O^+，见式（2-3）[157]。在低浓度NO_2气氛中，气体分子与水分子发生如式（2-4）所示的反应，产生的NO_3^-和H^+可以增加敏感层的电导率，这种溶解现象可导致传感器的电阻值下降[158]。然而，在高浓度NO_2气氛中，过量的NO_2分子可通过氢键和静电相互作用吸附在γ-PGA表面，并与水分子发生竞争吸附，见式（2-5）[159]，从而阻碍离子传导，导致传感器电阻值增大，本书将这种现象定义为阻塞效应[123-125]。即γ-PGA基气体传感器在低NO_2浓度下，工作机理以溶解现象为主导；在高NO_2浓度下，工作机理以阻塞效应为主导。

$$2H_2O \longleftrightarrow OH^- + H_3O^+ \qquad (2\text{-}3)$$

$$NO_2 + H_2O \longrightarrow NO_3^- + e^- + 2H^+ \qquad (2\text{-}4)$$

$$NO_2 + 2H_3O^+ + 2e^- \longleftrightarrow NO + 3H_2O \qquad (2\text{-}5)$$

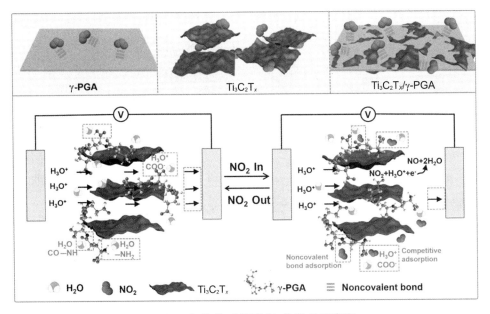

图2-17　气体传感器的敏感机理示意图

根据实验结果及文献报道，Ti₃C₂Tₓ气体传感器对氧化性与还原性气体都表现为正电阻响应行为，可以将其归因于吸附的气体分子阻碍了Ti₃C₂Tₓ的传导路径[86-87, 160]。图2-11（c）的实验结果表明，随着Ti₃C₂Tₓ比例的增加，Ti₃C₂Tₓ/γ-PGA复合薄膜传感器的负响应逐渐减小，正响应逐渐增强。因此，复合比例的优化对气敏性能至关重要。在空气中，水分子通过羧基、氨基和酰胺基等官能团吸附在Ti₃C₂Tₓ/γ-PGA复合材料表面。在NO₂气氛中，气体分子可通过氢键和静电相互作用，与水分子发生竞争吸附。气体分子的竞争吸附增强了复合材料的阻塞效应，表现为Ti₃C₂Tₓ/γ-PGA-2基气体传感器在2~50 ppm NO₂范围内的正电阻响应行为。此外，Ti₃C₂Tₓ/γ-PGA-2基气体传感器优异的可逆性与快的恢复速度可归功于氢键吸附和静电相互作用的动态过程。得益于Ti₃C₂Tₓ纳米片结构与γ-PGA，复合薄膜的气体吸附位点增多、相互作用增强，从而导致复合薄膜的气敏特性得到有效提升。

为了进一步证实γ-PGA修饰策略的有效性，采用相同的工艺流程制备了多壁碳纳米管（MWCNTs）/γ-PGA基气体传感器。如图2-18（a）所示，纯MWCNTs气体传感器对10～50 ppm NO₂表现出正电阻响应行为。γ-PGA修饰后，MWCNT/γ-PGA基气体传感器响应值与响应速度得到了明显的提升，如图2-18（b）和图2-18（c）所示。MWCNT/γ-PGA气体传感器对50 ppm NO₂的响应值（541%）是纯MWCNTs基气体传感器的288倍。同时，MWCNT/γ-PGA气体传感器具有短的响应与恢复时间，分别为28 s与3 s。上述分析进一步证实了γ-PGA修饰策略的有效性，说明了有效吸附与阻塞效应的增强有利于提升传感器对NO₂的气敏响应。

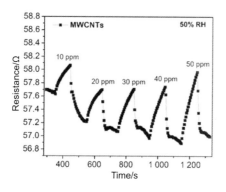

（a）纯MWCNTs基气体传感器的动态响应曲线

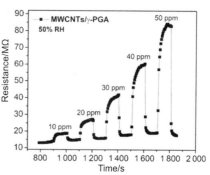

（b）MWCNT/γ-PGA基气体传感器的动态响应曲线

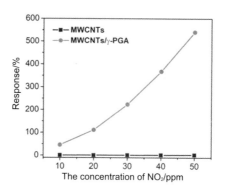

（c）两个传感器的响应值对比曲线

图2-18　阻塞效应拓展实验验证

2.6 本章小结

本章通过 γ-PGA 修饰 $Ti_3C_2T_x$，增强了 $Ti_3C_2T_x$ 基气体传感器的正电阻响应行为，提出了一种水分子辅助下有效吸附和阻塞效应的增强策略，改善了 $Ti_3C_2T_x$ 基 NO_2 气体传感器在室温下响应低、可逆性差、恢复慢的不足。通过 HF 刻蚀与 TMAOH 插层方法制备了 $Ti_3C_2T_x$ 纳米片，并采用气喷工艺制备了电阻型 $Ti_3C_2T_x$/γ-PGA 基 NO_2 气体传感器。采用 SEM、EDS、XRD、FT-IR 与 XPS 技术对 $Ti_3C_2T_x$、$Ti_3C_2T_x$/γ-PGA 复合材料、γ-PGA 的形貌结构、物相、化学键等进行了表征与分析。搭建了气敏测试系统，并系统地研究了气体传感器的气敏特性。测试结果表明，与 $Ti_3C_2T_x$ 气体传感器相比，$Ti_3C_2T_x$/γ-PGA 复合薄膜气体传感器对 50 ppm NO_2 的响应为 1127.3%，提升了 85 倍。同时，该复合薄膜传感器不仅具有短的响应/恢复时间（43.4 s/3 s），而且具有良好的重复性（RSD<1%）与可逆性。此外，研究了复合薄膜传感器在不同湿度下的气敏响应，并通过多元回归方法对其进行了湿度补偿。最后，基于水分子辅助下 NO_2 气体分子有效吸附与阻塞效应的增强，分析了 $Ti_3C_2T_x$/γ-PGA 复合薄膜气体传感器的气敏机理。

第三章

Mo₂TiCTₓ/MoS₂ 基 NO₂ 气体传感器制备与特性研究

3.1 引言

第二章中，笔者采用γ-PGA 修饰 $Ti_3C_2T_x$，提升了 $Ti_3C_2T_x$ 基 NO_2 气体传感器的响应值与响应/恢复速度，然而气体传感器仍面临选择性差、检测下限高等问题。基于 $Ti_3C_2T_x$ 气体传感器的研究现状可知，$Ti_3C_2T_x$ 材料不仅对无机气体（如 NH_3 与 NO_2）敏感，而且对挥发性有机化合物高度敏感，各种气体之间的交叉干扰会导致传感器的错误识别和量化[102, 161-162]。同时，先前的理论计算表明，$Ti_3C_2T_x$ 对 NH_3、NO_2、丙酮等具有较弱的吸附能力（>−0.8 eV）[49, 160, 163]，这说明 $Ti_3C_2T_x$ 对气体分子缺乏特异性吸附。此外，$Ti_3C_2T_x$ 纳米片的层间范德瓦耳斯力会引起纳米片的自堆叠，从而导致气体分子的扩散路径受阻、表面活性位点无法被充分利用[164]，这限制了气体传感器的气敏响应和检测下限。因此，开发一种具有高选择、高灵敏、低检测下限的 MXene 基 NO_2 传感器仍是一个挑战。

目前，针对 MXene 纳米片的自堆叠问题，常采用构建自支撑结构和引入层间间隔物的策略[35, 45, 49]。为了进一步提高 $Ti_3C_2T_x$ 基 NO_2 气体传感器的气敏特性，合成复合材料（如 $Ti_3C_2T_x/TiO_2^{[35,49]}$、$Ti_3C_2T_x/RGO^{[52]}$、$Ti_3C_2T_x/SnS_2^{[53]}$、

Ti₃C₂Tₓ/ZnO[64]、Ti₃C₂Tₓ/WO₃[73]）的方法已经被频繁开发。特别地，原位合成复合材料可以整合多组分材料的结构优势，同时可避免MXene纳米片的自堆叠。此外，原位生长制备的异质界面接触紧密、充分，可以促进界面电荷转移，提高传感器的灵敏度。例如，通过在烘箱中加热氧化Ti₃C₂Tₓ来形成Ti₃C₂Tₓ/TiO₂肖特基势垒，将Ti₃C₂Tₓ基传感器对5 ppm NO₂的响应提升了13.7倍[35]。尽管如此，Ti₃C₂Tₓ复合材料的选择性和灵敏度仍需提高。MXene材料具有丰富多样的组成与结构，然而目前MXene基NO₂传感材料的研究大多限于单过渡金属MXene材料，如Ti₃C₂Tₓ与V₂CTₓ，其他MXene材料在气敏领域的发展仍有待探索。

基于此，本章提出了一种用于NO₂气敏响应的高活性双过渡金属MXene——Mo₂TiC₂Tₓ，并通过DFT计算表明了其对NO₂分子的超强吸附。进一步地，通过界面调制工艺在Mo₂TiC₂Tₓ纳米结构上原位组装MoS₂，构建具有边缘富集结构的耦合异质界面。设计与制备了电阻型Mo₂TiC₂Tₓ/MoS₂复合薄膜NO₂气体传感器，并系统地研究了传感器的气敏特性。结合理论计算、表征方法与测试结果，建立了Mo₂TiC₂Tₓ/MoS₂基NO₂气体传感器的工作机理模型。最后，基于高性能的气体传感器，搭建了有毒有害气体的无线预警系统。

3.2 Mo₂TiCTₓ/MoS₂基NO₂气体传感器设计与制备

3.2.1 实验材料与设备

本节所涉及的化学原材料及实验仪器，详见2.2.1节。在本节中，不同的化学原材料及实验仪器见表3-1所列。

表3-1 部分化学原材料及实验仪器信息表

名称	相关参数	生产商
Mo_2TiAlC_2	400目	福斯曼科技（北京）有限公司
钼酸钠（$Na_2MoO_4 \cdot 2H_2O$）	≥99%	上海阿拉丁生化科技股份有限公司
硫脲（CH_4N_2S）	≥99%	上海阿拉丁生化科技股份有限公司
HCl	38%	上海阿拉丁生化科技股份有限公司
数据采集仪器	Keithley 2700	美国吉时利仪器公司

3.2.2 Mo_2TiCT_x/MoS_2敏感材料合成与传感器制备

（1）$Mo_2TiC_2T_x/MoS_2$复合材料合成

与典型的$Ti_3C_2T_x$相比，Mo_2TiAlC_2的Al原子层较难去除，因此采用两次HF刻蚀和一次TMAOH插层处理来制备$Mo_2TiC_2T_x$纳米材料，如图3-1所示。首先，准备45 mL 40% HF水溶液，在2 min内缓慢加入3 g Mo_2TiAlC_2粉末，将上述混合溶液以300 r/min和55 ℃搅拌96 h；第一步刻蚀结束后，离心清洗上述浆液。随后，向黑色沉积物中加入20 mL HF溶液，继续刻蚀24 h；搅拌结束后，采用去离子水离心清洗$Mo_2TiC_2T_x$初产物，直至上清液的pH达到6～7。其次，将30 mL 25% TMAOH水溶液添加到$Mo_2TiC_2T_x$初产物中，在40 ℃下搅拌混合溶液48 h，转速为300 r/min。插层结束后，离心清洗并收集$Mo_2TiC_2T_x$纳米材料。

如图3-1所示，采用原位生长MoS_2纳米片来制备$Mo_2TiC_2T_x/MoS_2$复合材料。为了研究不同复合比例对气敏性能的影响，制备了3组复合材料。将不同质量（45.4 mg、90.7 mg、181.4 mg）的$Na_2MoO_4 \cdot 2H_2O$粉末、不同质量43.2 mg、86.35 mg、172.7 mg）的CH_4N_2S粉末（与1 mL 0.15 g/mL $Mo_2TiC_2T_x$溶液按比例溶于49 mL去离子水中，分别将其标记为$Mo_2TiC_2T_x/MoS_2$-1、$Mo_2TiC_2T_x/MoS_2$-2与$Mo_2TiC_2T_x/MoS_2$-3。将上述溶液在室温下以

200 r/min搅拌30 min，然后使用盐酸溶液调节混合溶液的pH，设置pH≈3；接着，将其转移到100 mL聚四氟乙烯内胆中，置于不锈钢高压容器中后在210 ℃下加热24 h。自然冷却后，离心清洗并收集$Mo_2TiC_2T_x/MoS_2$复合材料。类似地，使用1 g $Na_2MoO_4\cdot2H_2O$粉末和0.952 g CH_4N_2S粉末制备单一MoS_2纳米材料，作为对照实验的敏感材料。

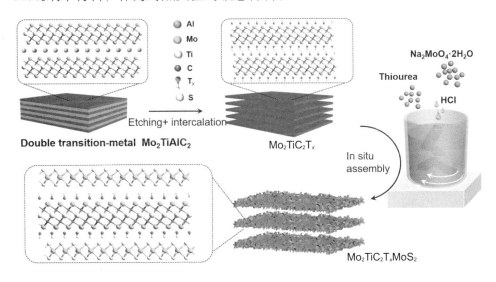

图3-1　$Mo_2TiC_2T_x/MoS_2$复合材料合成示意图

（2）$Mo_2TiC_2T_x/MoS_2$基NO₂气体传感组件制备

采用热蒸发工艺在洁净的SiO_2/Si衬底上分别沉积叉指状Ti金属层（厚度：20 nm）与Au金属层（厚度：50 nm），作为气体传感器的电极层，其中电极的叉指宽度和间隙均设计为50 μm。基于所制备的敏感材料，采用简单的滴涂工艺在叉指电极上沉积气敏层。具体地，配置1 mg/mL气敏材料水溶液，超声处理10 min。然后，通过移液枪滴涂0.1 mL气敏材料水溶液于电极上，在60 ℃下真空干燥12 h，制备得到$Mo_2TiC_2T_x$、$Mo_2TiC_2T_x/MoS_2$-1、$Mo_2TiC_2T_x/MoS_2$-2、$Mo_2TiC_2T_x/MoS_2$-3、MoS_2基五种NO₂气体传感器。

进一步地，集成所制备的NO₂气体传感器、电池、测试电路与封装外壳以开发便携、无线的气体传感组件，如图3-2所示。NO₂气体传感器将化学信号转化为电信号，测试电路采集数据后，将数据传输至终端进行处理。气体传感组件的相关应用将在3.6节中展示。

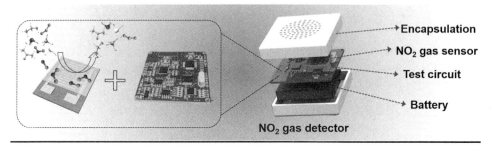

图3-2　Mo₂TiC₂Tₓ/MoS₂基NO₂气体传感组件示意图

3.3　材料表征与分析

3.3.1　形貌与结构分析

图3-3展示了Mo₂TiAlC₂粉末在不同倍数下的SEM形貌图，Mo₂TiAlC₂由微米级颗粒组成，每颗微粒为纳米片层层堆叠的结构。经过刻蚀与插层后，Mo₂TiC₂Tₓ的SEM、TEM、选区电子衍射（selected area electron diffraction，SAED）表征结果如图3-4所示。如图3-4（a）所示，Mo₂TiC₂Tₓ为微米尺寸，并呈现出手风琴状多层纳米片结构。此外，一些颗粒状的Mo₂TiC₂Tₓ附着在手风琴结构上，这可归因于Mo₂TiAlC₂前体的不均匀性以及超声和搅拌过程对纳米材料的损坏。图3-4（b）和图3-4（c）展示了Mo₂TiC₂Tₓ的TEM与高倍TEM图像。在高倍TEM图像中，晶格条纹清晰，

0.24 nm、0.20 nm 和0.16 nm 的晶格间距分别对应于 Mo₂TiC₂T$_x$的（011）、（015）和（019）晶面。图3-4（d）中的 SAED 衍射斑点图案表明了 Mo₂TiC₂T$_x$具有典型的六方晶体结构[165]。

（a）5 μm

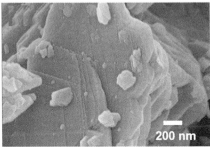

（b）200 nm

图3-3　Mo₂TiAlC₂粉末在不同标尺下的SEM图

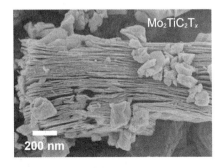

（a）SEM图

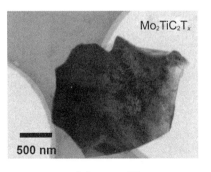

（b）TEM图

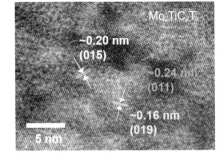

（c）高倍TEM图

（d）SAED图

图3-4　Mo₂TiC₂T$_x$材料形貌与结构表征

图3-5展示了MoS₂的SEM、TEM、SAED图像。如图3-5（a）和图3-5（b）所示，MoS₂为薄纳米片组装的分级花状结构，纳米花的直径约为200～500 nm。图3-5（c）中的高倍TEM图像显示了晶面间距为0.66 nm和0.26 nm的晶格条纹，其分别对应于MoS₂的（002）和（100）晶面[166]。图3-5（d）为MoS₂的SAED图案，衍射环表明了MoS₂的多晶结构，从内到外的衍射环分别代表了MoS₂的（002）、（100）、（103）与（110）晶面[167]。

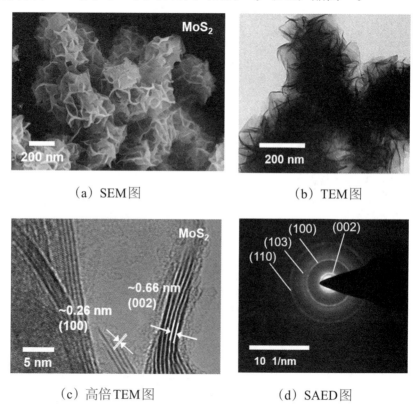

（a）SEM图 （b）TEM图

（c）高倍TEM图 （d）SAED图

图3-5　MoS₂材料的形貌与结构表征

图3-6显示了不同放大倍数下Mo₂TiC₂Tₓ/MoS₂复合材料的SEM形貌图。与单一Mo₂TiC₂Tₓ和MoS₂的微观形貌相比，复合材料中的Mo₂TiC₂Tₓ纳米片边缘和表面生长了大量的蕾丝状MoS₂，这有利于形成丰富的异质界面，并为气体分子提供丰富的吸附位点[168]。此外，MoS₂的蕾丝状边缘可以促进NO₂分子的吸附[45]。

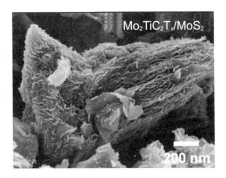

| （a）1 μm | （b）200 nm |

图3-6　Mo$_2$TiC$_2$T$_x$/MoS$_2$复合材料在不同标尺下的SEM图

图3-7为Mo$_2$TiC$_2$T$_x$/MoS$_2$复合材料的TEM形貌图与SAED衍射图。与SEM一致，许多蕾丝状MoS$_2$生长在Mo$_2$TiC$_2$T$_x$纳米片的边缘上。图3-7（b）中的高倍TEM图像显示了Mo$_2$TiC$_2$T$_x$和MoS$_2$之间的异质界面。晶面间距为0.66 nm的晶格条纹对应于MoS$_2$的（002）晶面。0.24 nm的晶格间距则对应于Mo$_2$TiC$_2$T$_x$的（011）晶面。通过SEM与TEM表征，从形貌上证实了Mo$_2$TiC$_2$T$_x$/MoS$_2$复合材料中异质界面的存在。复合材料相应的SAED图案如图3-7（c）所示，其衍射斑点和衍射环分别属于Mo$_2$TiC$_2$T$_x$和MoS$_2$材料。

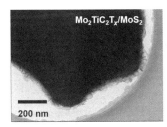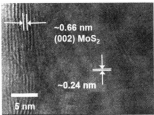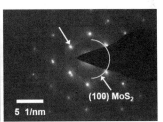

| （a）TEM图 | （b）高倍TEM图 | （c）SAED图 |

图3-7　Mo$_2$TiC$_2$T$_x$/MoS$_2$复合材料形貌与结构表征

3.3.2 物相分析

图3-8（a）和图3-8（b）分别展示了Mo$_2$TiAlC$_2$与Mo$_2$TiC$_2$T$_x$的EDS图像。

Mo_2TiAlC_2材料主要包括C、O、Ti、Mo、Al元素。经过刻蚀与插层后，$Mo_2TiC_2T_x$材料的Al元素的原子百分比下降至0.14%，表明Al原子层被成功刻蚀。

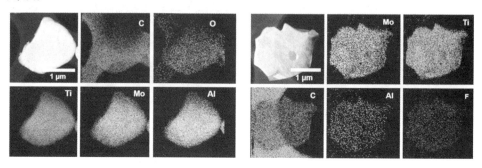

（a）Mo_2TiAlC_2 （b）$Mo_2TiC_2T_x$

图3-8　敏感材料的EDS表征

图3-9展示了MoS_2与$Mo_2TiC_2T_x/MoS_2$复合材料的EDS图像，MoS_2材料主要包括Mo、S、O元素。在图3-9（b）中，$Mo_2TiC_2T_x/MoS_2$复合材料中均匀出现了大量的S元素，这进一步揭示了MoS_2生长于$Mo_2TiC_2T_x$表面。原位生长的异质界面有利于提高接触界面的电荷转移能力，从而增强与加快复合薄膜气体传感器的响应值与响应速度。

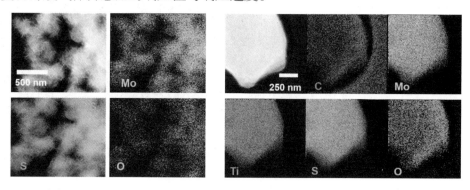

（a）MoS_2 （b）$Mo_2TiC_2T_x/MoS_2$复合材料

图3-9　敏感材料的EDS表征

图3-10为敏感材料的XRD表征分析结果。根据先前的报道[169-170]，Mo_2TiAlC_2材料的（002）、（004）、（006）、（011）、（014）、（015）、（019）、（110）衍射峰2θ值分别为9.5°、19.0°、28.7°、34.9°、39.7°、42.4°、56.8°

与61.8°。相比之下，Mo₂TiC₂Tₓ的（002）衍射峰变宽，并且其2θ值从Mo₂TiAlC₂的9.5°左移至5.8°，意味着层间距从Mo₂TiAlC₂的0.9 nm增加到Mo₂TiC₂Tₓ的1.5 nm。此外，在2θ=39.7°处，Mo₂TiC₂Tₓ的最强衍射峰（014）显著下降，证实了MAX前驱体中的Al原子层被成功去除[171]。根据标准卡片（JCPDS：#37-1492），MoS₂在2θ=14.1°、33.4°、39.5°、59.2°处的衍射峰对应于MoS₂ 2H相的（002）、（100）、（103）、（110）晶面[172]。在复合材料的XRD中，Mo₂TiC₂Tₓ和MoS₂的XRD特征峰同时出现，表明了复合材料中存在Mo₂TiC₂Tₓ和MoS₂材料。相比于Mo₂TiC₂Tₓ材料，Mo₂TiC₂Tₓ/MoS₂的（002）衍射峰出现微小的右移，表明复合材料的层间距略有收缩。

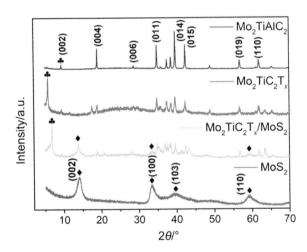

图3-10　Mo₂TiAlC₂、Mo₂TiC₂Tₓ、MoS₂与Mo₂TiC₂Tₓ/MoS₂复合材料的XRD表征

3.3.3　化学键分析

图3-11为敏感材料的拉曼光谱，在380.0 cm⁻¹和405.2 cm⁻¹处观察到两个明显的特征峰，分别归属于MoS₂的面内振动模式（E_{2g}^1）和面外振动模式（A_{1g}）[173]。E_{2g}^1和A_{1g}特征峰之间的位置差为25.2 cm⁻¹，这表明MoS₂具有

由薄片组装而成的分级结构[174-175]。同时，E_{2g}^1 和 A_{1g} 特征峰出现在复合材料中，并且在 MoS_2 与复合材料中，E_{2g}^1/A_{1g} 强度比约为 0.6，表明二者都具有丰富的暴露边缘，这有利于为气体分子提供丰富的吸附位点[174]。

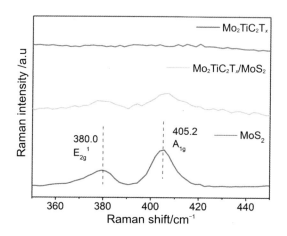

图 3-11　$Mo_2TiC_2T_x$、MoS_2、$Mo_2TiC_2T_x/MoS_2$复合材料的拉曼表征

$Mo_2TiC_2T_x$、MoS_2、$Mo_2TiC_2T_x/MoS_2$ 复合材料的 FTIR 光谱如图 3-12 所示。在 3 400～3 500 cm^{-1} 处的特征峰对应于—OH。$Mo_2TiC_2T_x$ 与 MoS_2 的特征峰分别位于 645 cm^{-1} 与 1 400 cm^{-1} 处，复合材料中同时出现了两种单一材料的特征峰，表明了复合材料的成功合成。

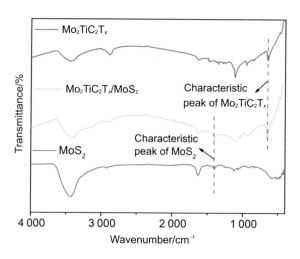

图 3-12　$Mo_2TiC_2T_x$、MoS_2、$Mo_2TiC_2T_x/MoS_2$复合材料的 FTIR 表征

图 3-13 展示了 $Mo_2TiC_2T_x$、MoS_2、$Mo_2TiC_2T_x/MoS_2$ 复合材料的 XPS 表征。图 3-13（a）展示了敏感材料的 XPS 全谱，包含了所有预期的元素峰。比如，$Mo_2TiC_2T_x$ 的全谱包括 O 1s、Mo 3s、Ti 2p、Mo 3p、C 1s、Mo 3d，MoS_2 的全谱包括 O 1s、Mo 3s、Mo 3p、C 1s、Mo 3d、S 2p。图 3-13（b）显示了敏感材料的 Ti 2p 光谱，位于 455.4 eV、456.0 eV、457.5 eV、459.1 eV 的 Ti $2p_{3/2}$ 峰分别对应于 $Mo_2TiC_2T_x$ 材料 Ti—C、Ti^{2+}—C、Ti^{4+}—C、TiO_2[176]。研究发现，$Mo_2TiC_2T_x/MoS_2$ 复合材料中 TiO_2 的衍射峰增强，这表明部分亚稳态 Ti 离子已被水热工艺氧化。图 3-13（c）显示了敏感材料的 C 1s 光谱，位于 283.1 eV、284.8 eV、285.4 eV、286.2 eV、289.0 eV 的特征峰分别对应于 $Mo_2TiC_2T_x$ 材料的 C—Mo/C—Ti、C—C、CH_x、C—O、—COO[171, 176]。然而，复合材料的 C—Mo/C—Ti 峰值弱于纯 $Mo_2TiC_2T_x$，这可能归因于两个方面：①部分 C—Mo 键被硫化成为 S—Mo 键[177-178]；②参照 Ti 2p XPS 光谱，水热过程会导致部分 C—Ti 键被氧化为 O—Ti 键，这对应于 3-13（b）中 TiO_2 峰的增强。

图 3-13（d）显示了敏感材料的 Mo 3d 光谱，位于 228.5 eV/231.6 eV、299.6 eV/232.8 eV、233.0 eV/236.0 eV 的特征峰分别归属于 $Mo_2TiC_2T_x$ 材料的 Mo_2C、C—Mo（Mo^{4+}）、Mo—O（Mo^{5+}/Mo^{6+}）[176, 179-180]。MoS_2 的 S^{2-} 2s 峰位于 226.7 eV[181]。与 $Mo_2TiC_2T_x$ 相比，$Mo_2TiC_2T_x/MoS_2$ 复合材料的 Mo 3d 峰向较低的结合能移动，并且复合材料中 Mo—O（Mo^{5+}/Mo^{6+}）的含量降低，这表明部分 Mo—O 键被 Mo—S 键取代。XPS 峰位的移动意味着复合材料中 $Mo_2TiC_2T_x$ 和 MoS_2 之间的化学相互作用和电荷转移，这有助于形成异质结[182-183]。$Mo_2TiC_2T_x/MoS_2$ 异质界面的形成有利于增强气敏响应，类似的异质界面增强机理在气体传感器领域已被广泛报道[183-184]。

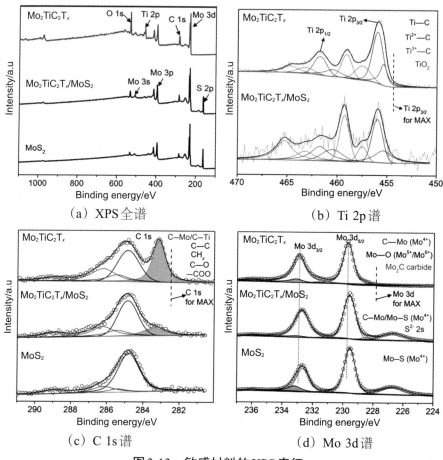

（a）XPS全谱　　　　　　　（b）Ti 2p谱

（c）C 1s谱　　　　　　　　（d）Mo 3d谱

图3-13　敏感材料的XPS表征

3.4　NO₂气体传感器性能测试与分析

3.4.1　NO₂气敏响应特性与重复性研究

本节的测试系统与测试方法同2.4节，测试条件为室温与50% RH。

本节气体传感器的响应定义如下：响应值=$(R_a-R_g)/R_g\times100\%$，其中，R_g为传感器在目标气体下的电阻值，R_a为传感器在载气下的电阻值；其他定义同2.4节。

图 3-14（a）和图 3-14（b）为 $Mo_2TiC_2T_x$、MoS_2、$Mo_2TiC_2T_x/MoS_2$-1、$Mo_2TiC_2T_x/MoS_2$-2、$Mo_2TiC_2T_x/MoS_2$-3 气体传感器对 2～50 ppm NO₂ 的电阻实时变化曲线。5 种气体传感器的电阻值随着NO₂浓度的增加而单调下降。$Mo_2TiC_2T_x$ 与 MoS_2 气体传感器对 50 ppm NO₂ 的响应分别为 2.83% 和 19.25%。如图 3-14（c）所示，$Mo_2TiC_2T_x$ 与 MoS_2 气体传感器的灵敏度分别为 0.06 ppm⁻¹ 与 0.31 ppm⁻¹。在图 3-14（d）中，随着MoS₂比例的增加，复

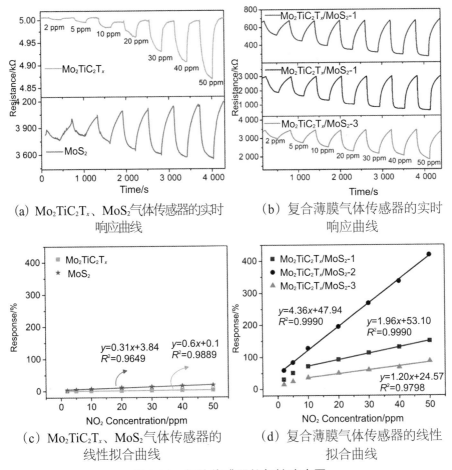

（a）$Mo_2TiC_2T_x$、MoS_2气体传感器的实时响应曲线

（b）复合薄膜气体传感器的实时响应曲线

（c）$Mo_2TiC_2T_x$、MoS_2气体传感器的线性拟合曲线

（d）复合薄膜气体传感器的线性拟合曲线

图3-14　气体传感器的气敏响应图

合薄膜气体传感器的响应值先增大后减小。相比之下，$Mo_2TiC_2T_x$/MoS_2-2气体传感器对50 ppm NO_2表现出最大的响应（415.8%）。同时，$Mo_2TiC_2T_x$/MoS_2-2气体传感器对2~50 ppm NO_2的灵敏度（7.36% ppm^{-1}）分别是纯$Mo_2TiC_2T_x$与纯MoS_2基气体传感器灵敏度的123倍与24倍。

图3-15（a）展示了$Mo_2TiC_2T_x$/MoS_2-2气体传感器对200~1 000 ppb NO_2的实时电阻响应曲线。图3-15（b）为对应的线性拟合曲线，在低浓度NO_2下，气体传感器的灵敏度为25.76 ppm^{-1}，线性拟合度R^2=0.9714。如图3-15（c）所示，当气体传感器暴露在2.5 ppb的超低浓度下时，传感器仍具有0.8%的可重复响应。在信噪比的计算中，信号定义为传感器在2.5 ppb下的响应输出值，噪声定义为传感器响应前60 s的标准偏差。计算表明$Mo_2TiC_2T_x$/MoS_2-2气体传感器对2.5 ppb NO_2的信噪比为49.8（>3），表明该气体传感器在室温下具有2.5 ppb或更低的检测下限。

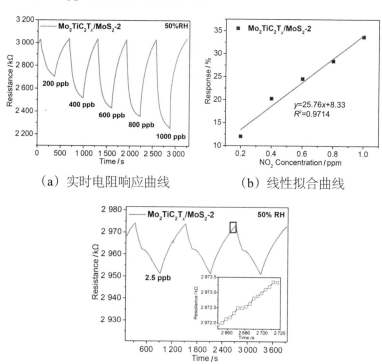

（a）实时电阻响应曲线　　　　　（b）线性拟合曲线

（c）传感器对2.5 ppb NO_2实时电阻响应曲线，插图为噪声放大图

图3-15　气体传感器的检测下限测试

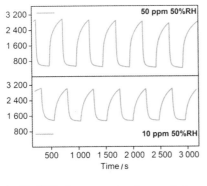

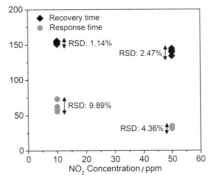

（a）传感器对 10 ppm、50 ppm NO₂ （b）六次循环测试后，传感器的响
　　的重复性测试曲线　　　　　　　　　　应/恢复时间图

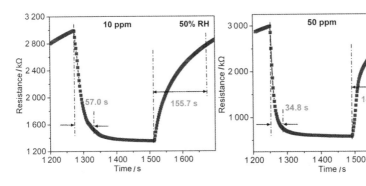

（c）传感器对 10 ppm NO₂的响应/恢　（d）传感器对 50 ppm NO₂的响应/恢
　　复曲线放大图　　　　　　　　　　　　复曲线放大图

图 3-16　气体传感器的重复性测试

图 3-16（a）展示了 Mo₂TiC₂T$_x$/MoS₂-2 气体传感器对 10 ppm、50 ppm NO₂的重复性曲线。随着气体浓度的切换，传感器的输出电阻在 6 个循环内均达到了稳定状态。对于 10 ppm 和 50 ppm NO₂，响应电阻的 RSD 分别为 7.6% 和 0.9%，这表明了 Mo₂TiC₂T$_x$/MoS₂-2 气体传感器具有良好的可逆性和重复性。图 3-16（b）显示了气体传感器不同 NO₂浓度下的响应/恢复时间，图 3-16（c）和图 3-16（d）为放大的响应曲线。计算结果表明，气体传感器对 10 ppm 和 50 ppm NO₂的平均响应/恢复时间分别为 60.6 s/153.9 s 和 33.5 s/140.1 s，且响应/恢复时间的 RSD 均小于 10%，这表明气体传感器的响应/恢复速度在循环测试下具有良好的一致性。

表3-2为室温工作下MXene基NO$_2$气体传感器气敏特性对比表。相比之下，Mo$_2$TiC$_2$T$_x$/MoS$_2$复合薄膜气体传感器具有宽的检测范围（0.2～50 ppm）、低的检测下限（2.5 ppb）和短的响应时间（34.8 s），表明Mo$_2$TiC$_2$T$_x$/MoS$_2$复合材料在NO$_2$气体室温检测方面具有一定的优势。

表3-2　室温工作下MXene基NO$_2$气体传感器气敏特性

敏感材料	检测范围	响应值 ($\|\Delta R\|/R_a \times 100\%$)	响应时间	检测下限	参考文献
Ti$_3$C$_2$	0.125～5 ppm	1.17%（5 ppm）	—	125 ppb	[35]
TiO$_2$/Ti$_3$C$_2$	0.125～5 ppm	16.02%（5 ppm）	—	125 ppb	[35]
TiO$_2$/Ti$_3$C$_2$	1～100 ppm	210%（5 ppm）	150 s（100 ppm）	1 ppm	[49]
Ti$_3$C$_2$T$_x$/WO$_3$	0.5～50 ppm	～12%（20 ppm）	96 s（20 ppm）	0.5 ppm	[73]
Ti$_3$C$_2$T$_x$/RGO	10～100 ppm	37%（50 ppm）	—	10 ppm	[185]
TiO$_2$/RGO	0.05～20 ppm	173%（$\Delta G/G_a$, 1 ppm）	132 s（1 ppm）	50 ppb	[52]
TiO$_2$/SnS$_2$	100～1 000 ppm	115（R_a/R_g, 1000 ppm）	64 s（1000 ppm）	100 ppm	[53]
T$_3$C$_2$T$_x$/WS$_2$	0.01～20 ppm	55.6%（2 ppm）	56 s（2 ppm）	10 ppb	[79]
皱缩的 Ti$_3$C$_2$T$_x$	0.5～5 ppm	12.11%（5 ppm）	—	50 ppb	[45]
皱缩的 Ti$_3$C$_2$T$_x$/ZnO	5～100 ppm	41.93%（100 ppm）	34 s（100 ppm）	5 ppm	[64]
皱缩的 Ti$_3$C$_2$T$_x$/RGO	0.01～5 ppm	19.85%（5 ppm）	—	10 ppb	[51]
Co$_3$O$_4$@PEI/Ti$_3$C$_2$T$_x$	0.03～100 ppm	27.9（R_a/R_g, 100 ppm）	1.6 s（100 ppm）	30 ppb	[76]
碱化的 V$_2$CT$_x$	5～50 ppm	～20%（20 ppm）	76 s（20 ppm）	5 ppm	[186]
Ti$_3$C$_2$/MoS$_2$	10～100 ppm	35.8%（10 ppm）	>500 s（10 ppm）	10 ppm	[82]
Ti$_3$C$_2$T$_x$@TiO$_2$/MoS$_2$	800 ppm	84.0%（800 ppm）	—	—	[187]
Ti$_3$C$_2$T$_x$/γ-PGA	2～50 ppm	1127%（50 ppm）	43.4 s（50 ppm）	2 ppm	第二章
Mo$_2$TiC$_2$T$_x$/MoS$_2$	0.2～50 ppm	415.8%（$\|\Delta R\|/R_g$,50 ppm）	34.8 s（50 ppm）	2.5 ppb	本章

注：ΔG: 电导变化量；G_a: 传感器在空气载气下的电导值。

3.4.2　湿度影响

图3-17研究了湿度对Mo$_2$TiC$_2$T$_x$/MoS$_2$-2基气体传感器气敏性能的影

响。如图3-17（a）所示，在0～90% RH下，气体传感器的基线电阻值随着湿度的增大而增大。此外，如图3-17（b）所示，随着湿度的增加，气体传感器对10 ppm NO₂的响应从52.8%逐渐增加到134.8%，并且在中高湿度下趋于饱和，这意味着水分子可以促进传感器的气敏响应。这种湿度增强气敏响应的现象可归因于两个原因：①水分子在复合材料中表现出n型掺杂效应，增强了气体传感器的气敏响应[188]。在通入NO₂气体前，水分子吸附在复合材料的表面，并向p型复合材料提供电子，导致器件的基线电阻值增加。通入NO₂气体后，气体分子作为电子受体可捕获复合材料中的电子，形成NO₂⁻，复合材料中空穴浓度的增加导致传感器的电阻值下降。由于水分子的n型掺杂效应增加了电子浓度，NO₂可以捕获更多的电子，从而提高了传感器的气敏响应值。②水分子可以与NO₂分子形成氢键，以进一步促进NO₂气体在材料表面的吸附，更多的气体吸附使得传感器输出更大的响应值[64,189]。

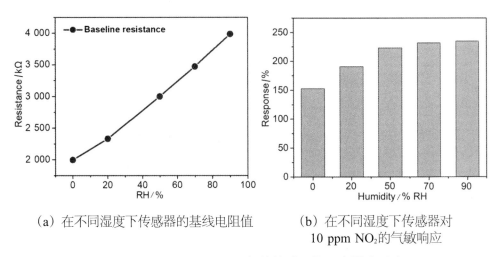

（a）在不同湿度下传感器的基线电阻值　　（b）在不同湿度下传感器对
　　　　　　　　　　　　　　　　　　　　　　　　10 ppm NO₂的气敏响应

图3-17　Mo₂TiC₂T_x/MoS₂-2气体传感器的湿度影响测试

3.4.3　选择性与稳定性

气体传感器的选择性测试如图3-18所示。选择性测试气体和浓度分别为10 ppm NO₂/CH₄/H₂S/NH₃/NO/乙醇/丙酮与1 000 ppm CO₂。纯Mo₂TiC₂Tₓ基气体传感器对8种气体都表现出微小的响应（<5%）。MoS₂基气体传感器对NO₂、NH₃、H₂S的响应分别为19.3%、12.4%、9.5%，表明其对NO₂气体具有较差的选择性。相比之下，Mo₂TiC₂Tₓ/MoS₂-2基气体传感器对NO₂具有最高响应，响应值为128.0%。其次，复合薄膜气体传感器对NO与NH₃的响应值分别为22.8%与7.8%，选择比（NO₂气体的响应/干扰性气体的响应）分别为5.6与16.4，表明复合材料对NOₓ气体具有高选择性。

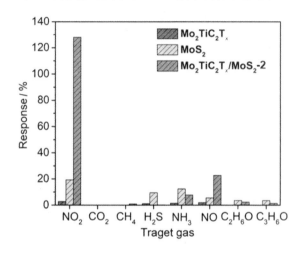

图3-18　Mo₂TiC₂Tₓ/MoS₂-2基气体传感器的选择性测试

图3-19展示了Mo₂TiC₂Tₓ/MoS₂-2基气体传感器对不同NO₂气体浓度的稳定性测试。实验结果表明，两周后气体传感器对2 ppm、10 ppm、30 ppm、50 ppm NO₂的响应分别降低了13.8%、6.3%、5.1%和2.5%，表明该气体传感器对高浓度NO₂气体具有良好的稳定性。

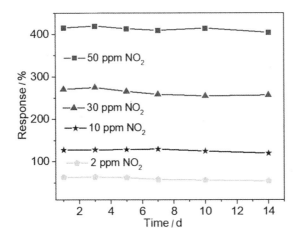

图 3-19　Mo₂TiC₂T_x/MoS₂-2基气体传感器的稳定性测试

3.5　Mo₂TiCT_x/MoS₂基NO₂气体传感器敏感机理分析

3.5.1　密度泛函理论计算

所有的计算均采用基于密度泛函理论的维也纳从头算模拟软件包（vienna ab-initio simulation package，VASP）。采用投影增强波（projector augmented wave，PAW）方案，设定平面波函数动能的截断能为450 eV。选择Perdew-Burke-Ernzerhof泛函（GGA-PBE）的广义梯度近似作为交换相关势。使用DFT-D3方法描述长程范德瓦耳斯相互作用。采用3×3×1Γ为中心的k点网格计算异质结构。电子和离子自洽迭代的标准分别为10^{-5} eV和10^{-4} eV。Mo原子和Ti原子的d轨道现场库仑相互作用设置为4 eV，并且设置Mo₂TiC₂T_x为反铁磁性。材料对气体分子的吸附能（E_{ad}）使用式（3-1）计算。

$$E_{ad}=E_{total}-E_{gas}-E_{sub} \tag{3-1}$$

式中，E_{total}、E_{gas} 与 E_{sub} 分别表示整个吸附模型、气体分子与敏感材料的能量。

（1）能带计算

图 3-20 为 $Mo_2TiC_2T_x$ 与 MoS_2 材料的电子能带结构图。DFT 计算预测 $Mo_2TiC_2T_x$ 为窄带隙间接半导体（$E_g=0.043$ eV），而 MoS_2 为宽带隙直接半导体（$E_g=1.734$ eV）。$Mo_2TiC_2T_x$ 与 MoS_2 材料的导带底能级（E_c）分别为 1.350 eV 和 4.175 eV。图 3-21 为 $Mo_2TiC_2T_x$ 与 MoS_2 接触前的能带示意图。由于 $Mo_2TiC_2T_x$ 的功函数小于 MoS_2 的功函数，两种材料接触后自由电子将从 $Mo_2TiC_2T_x$ 转移到 MoS_2。

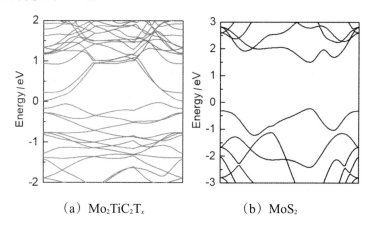

（a）$Mo_2TiC_2T_x$ （b）MoS_2

图 3-20   敏感材料的能带结构图

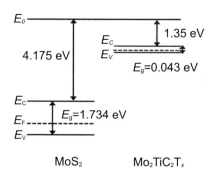

图 3-21 $Mo_2TiC_2T_x$ 与 MoS_2 接触前的能带示意图

（2）吸附能计算

图 3-22 展示了 Mo₂TiC₂T_x、MoS₂、复合材料对 8 种气体（NO₂、CO₂、CH₄、H₂S、NH₃、NO、C₂H₆O、C₃H₆O）的吸附能。由于 MoS₂ 生长在 Mo₂TiC₂T_x 表面，因此 DFT 计算中设置气体分子吸附在 MoS₂ 材料表面。如图 3-22（a）所示，Mo₂TiC₂T_x 对 NO₂ 气体分子表现出超强吸附，吸附能为 −3.12 eV，其次是 NO；然而 MoS₂ 对各种气体的吸附能力不强，对 C₃H₆O 的吸附能仅为−0.34 eV。如图 3-22（b）所示，当八种气体分子吸附在复合材料上时，复合材料对 NO₂ 气体分子的吸附能最高，表明 Mo₂TiC₂T_x 的存在可增强 MoS₂ 对 NO₂ 气体分子的吸附。

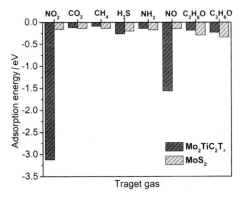 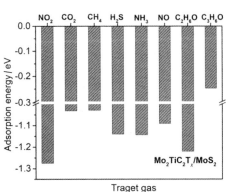

（a）纯 Mo₂TiC₂T_x 与纯 MoS₂ （b）Mo₂TiC₂T_x/MoS₂复合材料

图 3-22　敏感材料对各种气体的吸附能

图 3-23 为 Mo₂TiC₂T_x、MoS₂、复合材料吸附 NO₂ 气体分子的结构俯视图和侧视图。如图 3-23（a）所示，NO₂ 的 N 原子和 Mo₂TiC₂T_x 的 H 原子之间形成了 N—H 键，键长为 1.86 Å，这表明 Mo₂TiC₂T_x 和 NO₂ 之间存在强的相互作用。对于 MoS₂ 材料，NO₂ 的 N 原子和 MoS₂ 的 S 原子之间形成了 N—S 键，键长为 3.30 Å，如图 3-23（b）所示；而复合材料中，N—S 键的键长为 3.23 Å，如图 3-23（c）所示，这表明 Mo₂TiC₂T_x 的存在可增强 MoS₂ 和 NO₂ 分子之间的相互作用。材料对气体分子的吸附能大小与二者相互作用的变化趋势基本一致。

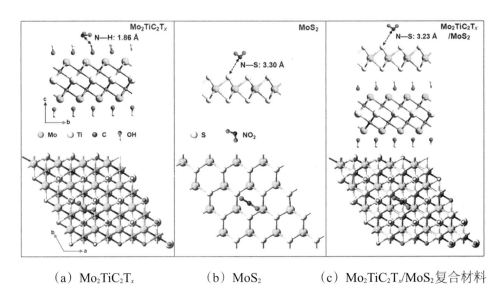

（a）Mo₂TiC₂Tₓ   （b）MoS₂   （c）Mo₂TiC₂Tₓ/MoS₂复合材料

图 3-23　敏感材料吸附 NO₂ 气体分子的 DFT 结构模型俯视图和侧视图

（3）差分电荷计算

为了进一步验证 $Mo_2TiC_2T_x$ 与 MoS_2 材料之间的电荷转移，图 3-24 展示了 $Mo_2TiC_2T_x/MoS_2$ 复合材料的差分电荷密度图（charge density difference，CDD）。其中，蓝色区域表示电荷累积，而红色区域表示电荷耗尽。$Mo_2TiC_2T_x$ 与 MoS_2 材料之间存在着明显的电荷积累和消耗，并且在接触界面电子从 $Mo_2TiC_2T_x$ 转移到 MoS_2，这对于异质结的形成十分重要。当 $Mo_2TiC_2T_x$ 的电子向 MoS_2 转移，并与 MoS_2 的空穴复合时，二者可在接触界面形成耗尽区，从而促进气体传感器的响应。

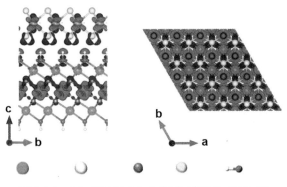

图 3-24　Mo₂TiC₂Tₓ/MoS₂复合材料的 CDD 图

（4）态密度计算

图 3-25 为 Mo₂TiC₂Tₓ 与 MoS₂ 材料的态密度（density of states，DOS）图，虚线代表费米能级，态密度为零的能量区间为禁带宽度。由此可知，MoS₂ 的禁带宽度（1.734 eV）远大于 Mo₂TiC₂Tₓ 的禁带宽度（0.043 eV）。

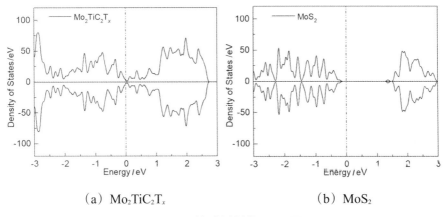

（a）Mo₂TiC₂Tₓ   （b）MoS₂

图3-25　敏感材料的DOS图

图 3-26（a）为敏感材料吸附气体分子前的 DOS，其中黑线表示 Mo₂TiC₂Tₓ/MoS₂ 复合材料的 DOS，红线表示 Mo₂TiC₂Tₓ 的 DOS，蓝线表示 MoS₂ 的 DOS，表明 Mo₂TiC₂Tₓ 与 MoS₂ 之间发生了明显的相互作用。图 3-26（b）～图 3-26（i）为复合材料吸附 8 种气体分子后的电子结构变化情况，其中黑线表示整个吸附模型的 DOS，蓝线表示各个气体分子的 DOS，红线表示 Mo₂TiC₂Tₓ/MoS₂ 复合材料的 DOS。与图 3-26（a）相比，可以发现吸附 NO₂、NO 和 C₃H₆O 气体分子后，DOS 在费米能级附近显著变化。此外，NO₂、NO 气体分子与复合材料的 DOS 在费米能级附近出现了明显的轨道杂化，表明了 NOₓ 气体和复合材料之间具有高的吸附灵敏度[190]。吸附能和 DOS 的计算结果都表明了复合材料对 NO₂ 气体分子响应的潜力。

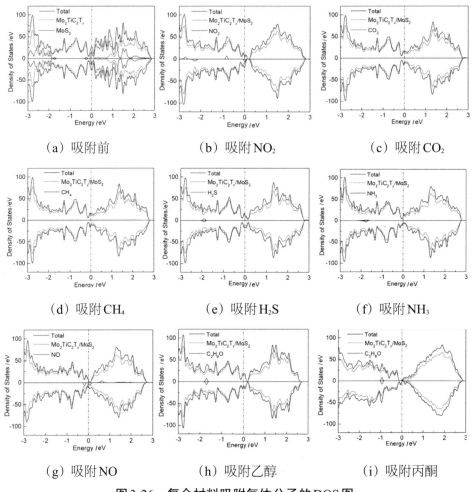

(a) 吸附前　　　　　　　(b) 吸附NO₂　　　　　　(c) 吸附CO₂

(d) 吸附CH₄　　　　　　(e) 吸附H₂S　　　　　　(f) 吸附NH₃

(g) 吸附NO　　　　　　　(h) 吸附乙醇　　　　　　(i) 吸附丙酮

图3-26　复合材料吸附气体分子的DOS图

　　吸附能、态密度的理论计算结果均表明复合材料对NO₂气体具有特异性吸附，这与气体传感器的选择性实验结果相互印证。然而，其他气体的实验测试结果与理论计算并不完全匹配，这可能归因于几个方面。①每种气体的实验测试结果受到多参数影响，如湿度、氧气、流速、测试腔内的气体浓度等。例如，部分NO在空气中很容易被氧化为NO₂。②理论研究提前假设了完全受控的结构、表面终端、层间距、吸附气体分子的数量与吸附位点。虽然理论计算可以预测材料的本征特性，但准确的预测结果则需要更完整、复杂、庞大的模型。③气体传感器的气敏响应受到敏感材料多个

参数（如吸附能、形貌、结构、厚度、电导率）的综合影响，但某些参数（如形貌结构）在理论计算中难以实现[44,191-192]。

3.5.2 气敏机理建模

Mo₂TiC₂T$_x$/MoS₂复合薄膜气体传感器的气敏机理如图3-27所示，复合材料气敏性能的增强可归因于Mo₂TiC₂T$_x$对NO₂的强吸附、MoS₂薄片的丰富吸附位点以及异质结增强的协同效应。具体地，在DFT计算中，Mo₂TiC₂T$_x$对NO₂表现出强吸附和强相互作用。尽管MoS₂对NO₂的吸附能远小于Mo₂TiC₂T$_x$，但纯MoS₂气体传感器对50 ppm NO₂的响应（19.25%）大于纯Mo₂TiC₂T$_x$基气体传感器（2.83%），这可能归因于MoS₂具有宽的表面空间

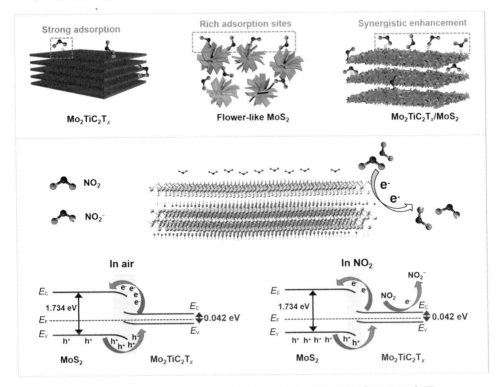

图3-27 Mo₂TiC₂T$_x$/MoS₂复合薄膜气体传感器的敏感机理示意图

电荷层和边缘富集结构[189,192]，表面空间电荷层可促进电荷转移，边缘富集结构可提供丰富的吸附位点。根据先前的文献[44,174,191,192]，气体传感器的气敏特性受到识别功能、转换功能、体利用率3个因素的影响，所以敏感材料的吸附性、形貌结构与电导率等参数都会影响器件的气敏特性。$Mo_2TiC_2T_x/MoS_2$复合材料不仅对NO_2气体分子具有强吸附，而且复合材料表面的蕾丝状结构可以促进气体扩散并为气体分子提供大量的吸附位点[45,168]。因此，复合薄膜气体传感器对NO_2具有高灵敏与高选择。

此外，异质结的形成也能有效改善传感器的气敏特性[183-184,193-194]。图3-14（a）显示$Mo_2TiC_2T_x$与MoS_2气体传感器的电阻值随着NO_2浓度的增加而降低，表明了二者均对NO_2表现出p型半导体响应特性，这与文献报道一致[46,89]。能带与差分电荷密度计算已经证实了电子从$Mo_2TiC_2T_x$转移到MoS_2，并且在接触界面处产生宽的耗尽区。p-p体异质结的形成可以提升电荷转移的活性，从而进一步提高复合材料的气敏性能[73,183]。在NO_2气氛中，吸附在复合材料表面的气体分子捕获电子后，生成NO_2^-，空穴浓度增加，从而导致$Mo_2TiC_2T_x/MoS_2$气体传感器电阻值下降。特别地，虽然复合材料的XPS表征分析中出现了TiO_2衍射峰，MXene衍生的TiO_2通常表现出n型半导体的响应特性[35,51]，但是测试结果表明$Mo_2TiC_2T_x$与复合材料基气体传感器均为p型半导体的响应特性，这说明p型半导体的响应特性在气敏机理中占主导作用。

3.6 应用演示

基于所制备的$Mo_2TiC_2T_x/MoS_2$基NO_2气体传感器，设计并搭建了如图3-28所示的NO_2气体无线预警系统。该无线预警系统基于ZigBee无线传输协议，主要由NO_2气体传感器、信号采集端与信号接收端组成。

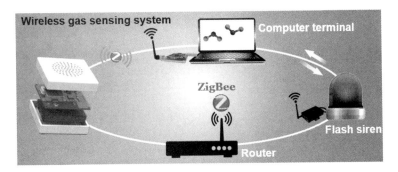

图 3-28　NO₂无线预警系统示意图

　　无线NO₂预警系统的硬件架构如图3-29所示。信号采集端由信号调理模块、数模转换（analog-to-digital converter，ADC）模块、微控制单元（microcontroller unit，MCU）模块、系统电源管理模块、数据传输模块等组成；信号接收端由数据传输模块、路由器、个人计算机（personal computer，PC）端、声光报警器等组成。Mo₂TiC₂T$_x$/MoS₂复合薄膜吸附气体分子后，可引起传感器电阻信号改变。该信号通过信号采集调理模块转化为电压信号，送入ADC采集转换为数字信号，再通过MCU处理与整合，最后通过ZigBee传输至信号接收端，经PC端解析处理并实现报警。

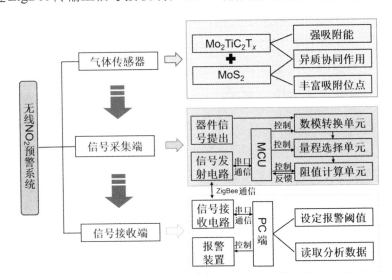

图 3-29　NO₂无线预警系统的硬件架构

为了验证无线预警系统的有效性，分别通入 5 ppm、10 ppm、50 ppm NO_2，对无线预警系统进行了 5 次反复测试，并实时观察 PC 端的反馈结果。实验测试结果如图 3-30 所示，高浓度 NO_2 下气体传感器反馈浓度的误差棒最大（根据 5 次测试的统计数据估计误差棒）。经计算，反馈浓度误差值与测试浓度的比值<10%，这反映了气体传感器具有良好的重复性，以及所构建的预警系统具有良好的稳定性。

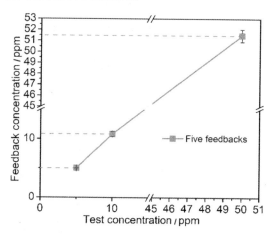

图 3-30　NO_2无线预警系统对 5 ppm、10 ppm、50 ppm NO_2的反馈结果

为了进一步验证无线传感系统的实用性，通过将气体传感器、测试电路、电池固定在遥控车上以验证 NO_2 无线预警系统的气体浓度超标报警功能。测试环境如图 3-31 所示，遥控车被放置在通风橱的台面上，并通过遥控手柄控制其在水平方向上来回运动。气体流量计用于控制气体泄漏的流速和 NO_2 浓度。设置气体流速为 100 sccm，气体浓度为 100 ppm。当气体传感器逐渐接近 NO_2 气体泄漏源时，声光报警器从暗变亮并发出蜂鸣音；当气体传感器逐渐远离气体泄漏源时，警报器变暗并恢复安静。NO_2 无线预警系统具有低功耗、高灵敏、高选择等特点，可用于实验室和天然气行业中的气体监测与安全保障。此外，所提出的无线系统易与移动电子设备集成，可用于环境污染监测中的分布式传感网络。所搭建的系统实现了无人巡航中 NO_2 气体浓度超标报警的功能验证，为便携、无线的气体传感系统的发展提供了一条途径。

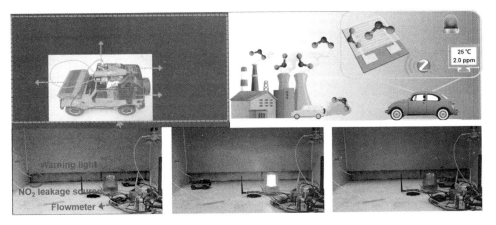

图3-31　NO₂无线预警系统的功能验证

3.7　本章小结

本章提出了对 NO_2 气体分子具有强吸附的双金属 MXene 材料——$Mo_2TiC_2T_x$，并采用原位生长工艺将其与 MoS_2 耦合形成边缘富集的异质结构，设计制备了电阻型 $Mo_2TiC_2T_x/MoS_2$ 基 NO_2 气体传感器。采用 SEM、TEM、SAED、EDS、XRD、FTIR、拉曼、XPS 表征技术分析了 $Mo_2TiC_2T_x$、MoS_2、$Mo_2TiC_2T_x/MoS_2$ 复合材料的形貌、结构、物相与化学键，证实了复合材料的蕾丝状边缘富集结构以及异质界面的形成。系统地测试与分析了气体传感器的气敏性能，$Mo_2TiC_2T_x/MoS_2$ 复合薄膜气体传感器在室温下表现出高灵敏度（7.36% ppm⁻¹ @ 2~50 ppm）、超低检测下限（2.5 ppb）、良好的分段线性与重复性（RSD：0.9% @ 50 ppm）。同时，DFT理论计算与实验测试结果表明了复合材料对 NO_2 气体的高选择性。基于复合材料的强吸附、丰富的吸附位点与异质结增强的协同效应，建立了 $Mo_2TiC_2T_x/MoS_2$ 气体传感器的 NO_2 气敏机理模型。最后，设计并搭建了 NO_2 无线预警系统，实现了 NO_2 气体浓度超标报警的功能验证。

第四章

离子扩散型 Nb₂CTₓ/SA 基湿度传感器制备与特性研究

4.1 引言

    湿度是气体检测中不可忽略的参量，研发湿度传感器对环境湿度进行实时检测并对气体传感器进行湿度校准，在环境监测中十分重要。传统的电阻/电容/质量敏感型湿度传感器已被广泛研究与应用，这几类传感器大多需要外部电源供电。然而，电池的大体积、定期充电、频繁更换、内部化学成分有毒等容易导致整个装置出现维护成本高、环境污染等问题[9]。因此，研究者致力于将先进的能源发电技术与传感器相结合以构建自驱动系统，使电子产品在没有外部充电的情况下独立、可持续地运行[10-11]。近年来，研究者结合摩擦电、压电等纳米发电技术在自驱动传感器研究领域开展了大量相关工作[11, 73, 120]。除了摩擦电、压电技术所涉及的机械能、风能与潮汐能之外，水作为一种丰富、廉价、可直接获得的自然资源，在发电领域也得到了应用。2015 年，曲良体团队首次报道了湿气纳米发电机（moist-electric nanogenerator，MENG），可以实现简单且低成本的发电[195]。MENG 型湿度传感器可以通过电压的形式输出湿度感测信号，同时检测湿度与发电。然而，MENG型湿度传感器在兼具宽检测范围、高输出与可持续发电方面仍具有挑战[196-199]。

类神经元网络结构具有交织分布的纳米纤维、丰富的纳米孔和纳米通道，被广泛应用于电子器件的仿生结构设计中。神经元纤维在生物体内交织分布形成的网络结构，能够接受外部刺激、捕获神经递质并传递神经冲动，从而产生意识来控制生物体行动[200-201]。受神经网络生物结构的启发，采用静电纺丝方法制备的三维网络结构可用于捕获水分子并为其提供纳米扩散通道。从海带中提取的天然聚合物SA，具有无毒性和生物相容性，可作为纺丝湿敏材料[202-203]。与PVA等有机化合物相比，SA可在极温和的条件下快速进行离子交换反应，形成水凝胶以提高抗溶解性，这对敏感层的结构设计与湿度传感器的稳定性至关重要。Nb₂CTₓ纳米片容易吸附水分子并发生电离传导，通过静电纺丝形成的Nb₂CTₓ/SA自支撑多孔结构不仅可以为水分子提供扩散通道，还可以增强吸附从而促进水分子电离。

基于此，本章采用静电纺丝工艺制备了类神经元结构的Nb₂CTₓ/SA复合薄膜，并基于离子扩散效应设计了上下电极的三明治器件结构，开发了具有湿敏与发电双功能的器件。搭建了湿度测试系统，并研究了发电型Nb₂CTₓ/SA湿度传感器的湿敏性能与发电性能。结合表征技术与实验测试结果，分析了发电型湿度传感器的工作机制。最后，验证了发电型Nb₂CTₓ/SA湿度传感器在人体湿度监测方面的多功能应用，并在无外部电源驱动下实现了可视化湿度检测。

4.2 发电型Nb_2CT_x/SA基湿度传感器设计与制备

4.2.1 实验材料与设备

本节所涉及的化学原材料及实验仪器，详见2.2.1节。本节与之不同的化学原材料及实验仪器见表4-1所列。

表4-1 部分化学原材料及实验仪器信息表

名称	相关参数	生产商
Nb_2AlC	200目	福斯曼科技(北京)有限公司
四丙基氢氧化铵(TPAOH)	25% RH	上海阿拉丁生化科技股份有限公司
聚环氧乙烷(PEO)	Mv~1 000 000	上海阿拉丁生化科技股份有限公司
曲拉通®X-100	BR	上海阿拉丁生化科技股份有限公司
DMSO	38%	上海阿拉丁生化科技股份有限公司
氯化钙($CaCl_2$)	96%	上海阿拉丁生化科技股份有限公司
SA	60目,440 mPa·s	青岛海之林生物科技开发有限公司
聚对苯二甲酸乙二醇酯(PET)	厚度:100 μm	成都科维卓科技有限公司
高温胶带	宽度:4 mm	成都科维卓科技有限公司
镍/镉合金导电布胶带	宽度:3 mm	成都科维卓科技有限公司
金颗粒	纯度:99.99%	凯锐新材(北京)科技有限公司
数字源表	Keithley 6500	美国吉时利仪器公司
激光切割机	KT-6090	聊城科泰激光设备有限公司
标准试验型静电纺丝试验机	ZYPM-M52	四川致研科技有限公司

4.2.2 Nb₂CTₓ/SA 敏感材料合成与传感器制备

如图4-1所示，通过 HF 刻蚀 Nb₂AlC 粉末与 TPAOH 插层方法制备了 Nb₂CTₓ 纳米片。首先，在 1 min 内将 2 g Nb₂AlC 粉末缓慢添加到 30 mL 质量分数为40%的 HF 水溶液中，超声处理10 min，使粉末和刻蚀溶液充分混合；然后，将上述混合溶液置于 100 mL 聚四氟乙烯内胆中搅拌72 h，转速设置为300 r/min，温度设置为50 ℃。搅拌结束后自然冷却至室温，小心打开聚四氟乙烯内胆的上盖，排放出刻蚀过程产生的气体；然后采用离心机以 3 500 r/min 转速离心清洗混合材料直到 pH 逼近 6，获得 Nb₂CTₓ 初产物。接着，将 Nb₂CTₓ 初产物添加到 30 mL 质量分数为25%的 TPAOH 水溶液中，在聚四氟乙烯内胆中搅拌48 h，转速设置为300 r/min，温度设置为50 ℃。搅拌结束后，使用去离子水离心循环洗涤以去除过量的 TPAOH，最后通过 3 000～8 000 r/min 离心收集浓缩的 Nb₂CTₓ 纳米片材料。

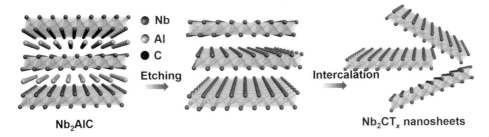

图4-1　Nb₂CTₓ纳米片合成示意图

如图4-2（a）所示，通过静电纺丝工艺制备了具有类神经元结构的 Nb₂CTₓ/SA 复合膜。采用 PET 作为柔性衬底、Au 层作为下电极、镍/镉合金导电布胶带作为上电极、Nb₂CTₓ/SA 纺丝复合膜作为活性层来制备发电型湿度传感器，如图4-2（b）所示。Nb₂CTₓ/SA 纺丝复合膜实物的光学照片如图4-2（c）所示，纺丝复合膜呈现出灰白色。受神经元网络结构启发，

Nb$_2$CT$_x$/SA纺丝复合膜的三维空间结构可以为水分子提供大量的吸附位点，捕获水分子并为其提供纳米扩散通道如图4-2（d）和图4-2（e）所示，这使得Nb$_2$CT$_x$/SA基器件在发展发电型湿度传感器方向上具有较大的潜力。

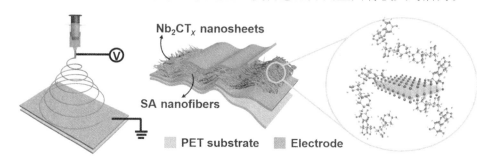

（a）静电纺丝制备敏感膜示意图　　　　　　（b）器件结构示意图

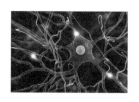

（c）纺丝复合膜光学照片　（d）神经元传递电化学　　（e）具有类神经元结构
　　　　　　　　　　　　　　脉冲示意图　　　　　　　　的纺丝复合膜示意图

图4-2　发电型Nb$_2$CT$_x$/SA基湿度传感器

具体地，采用透明的柔性PET作为衬底，清洗干净后通过热蒸发工艺在衬底上沉积120 nm厚的金电极，单元器件的电极尺寸设置为5 mm×6 mm。静电纺丝工艺与纺丝溶液的黏度息息相关，为了获得适合静电纺丝的SA前驱体溶液，将180 mg SA、20 mg PEO、100 mg 曲拉通®X-100、500 mg DMSO溶于9.2 g去离子水中，并在室温下以300 r/min转速搅拌12 h，然后静置排除高黏度液体中的气泡，得到SA前驱体溶液。PEO作为助纺剂，可以提高前驱体溶液的黏度。将18 mg Nb$_2$CT$_x$加入去离子水中分散，并将其与相同比例的有机化合物混合，得到Nb$_2$CT$_x$/SA复合纺丝液。然后，将前驱体溶液转移到配备有20号不锈钢针的10 mL塑料注射器中。设置不锈钢针头到衬底的距离为15 cm、电场为20 kV、纺丝速率为10 μL·min^{-1}。为了消除大气环境对静电纺丝制备纳米纤维的影响，通过加热与添加干燥剂，控制纺丝箱内的温度为 50 ℃，湿度小于 40% RH。为了方便引出下电极，使用高温胶带掩膜一部分电极。通过控制静电纺丝时间（15 min、30 min、45 min），获得了不同厚度的纺丝膜。静电纺丝结束后，将纺丝膜置于烘箱中干燥 12 h 去除多余的水分子；然后将纺丝膜缓慢浸入质量分数为 1% 的 CaCl$_2$ 乙醇溶液中交联 5 min，并用氮气吹干。CaCl$_2$ 交联的作用是增强纺丝膜的抗溶解性，从而提高电子器件的稳定性。最后，使用镍/铬合金胶带引出电极，从而得到纯 SA 与 Nb$_2$CT$_x$/SA 纺丝复合膜器件。采用滴涂工艺制备 Nb$_2$CT$_x$ 敏感活性层，作为实验对照组。

阵列器件制备流程如图 4-3 所示。首先，在 PET 衬底上沉积 9 个单元电极。然后使用高温胶带进行掩膜，采用静电纺丝工艺沉积敏感层。撤去掩膜后，采用 CaCl$_2$ 乙醇溶液交联活性敏感层，并用氮气吹干。最后使用镍/铬合金胶带串联 9 个单元器件，得到 3×3 阵列器件。阵列器件在制备过程中的光学照片如图 4-4 所示。

图 4-3　Nb$_2$CT$_x$/SA 复合膜阵列器件制备流程

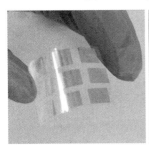 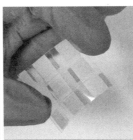 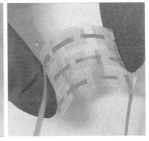

（a）电极　　　　　　（b）纺丝复合膜　　　　　（c）串联器件

图 4-4　阵列实物照片

4.3 材料及器件表征分析

4.3.1 形貌结构与纺丝膜厚度表征

如图4-5所示，Nb_2AlC粉末的SEM图显示其尺寸为1～10 μm。图4-5（b）为放大的SEM图，该图清楚地表明了Nb_2AlC前驱体是层层堆叠而成的颗粒状材料。

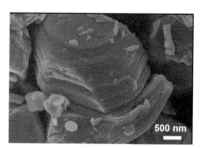

（a）2 μm　　　　　　　　　　　　（b）500 nm

图4-5　Nb_2AlC粉末在不同标尺下的SEM图

图4-6（a）为HF刻蚀后Nb_2CT_x的风琴状结构，许多纳米片仍然紧贴。进一步经过TPAOH处理与离心筛选后，少层Nb_2CT_x纳米片的SEM与TEM形貌如图4-6（b）和图4-6（c）所示，所制备的纳米片尺寸约为0.5～2 μm，具有超薄的特性。Nb_2CT_x纳米片的高分辨TEM图像显示，Nb_2CT_x纳米片主要是无定形结构和小晶畴，这与先前的文献报道结果一致[204]。通过原子力显微镜（atomic force microscope，AFM）对Nb_2CT_x纳米片的厚度进行了表征。如图4-6（d）所示，AFM图像测量的Nb_2CT_x纳米片厚度为2.3～3.5 nm，进一步证实了其超薄特性。

（a）HF刻蚀后Nb₂CTₓ风琴状结构的SEM图

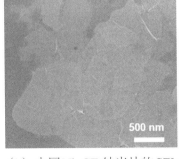

（b）少层Nb₂CTₓ纳米片的SEM图

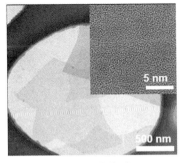

（c）少层Nb₂CTₓ纳米片的TEM图，插图为高倍TEM图

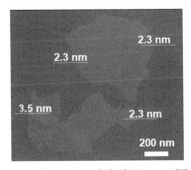

（d）少层Nb₂CTₓ纳米片的AFM图

图4-6　Nb₂CTₓ材料形貌与结构表征

图4-7为CaCl₂交联前后SA纺丝膜的SEM图。图4-7（a）中SA纺丝膜的纳米纤维直径为100～200 nm，纳米纤维相互交错分布，并呈现出蓬松的空间网络结构。如图4-7（b）所示，采用CaCl₂交联后，SA纺丝膜的空间网络结构出现了坍塌现象，这归因于交联过程中PEO等有机物被部分溶解。

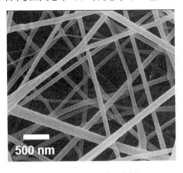

（a）CaCl₂交联前

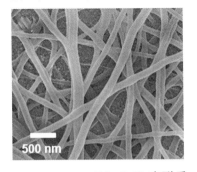

（b）CaCl₂交联后

图4-7　SA纺丝膜的SEM图

图 4-8 为 CaCl$_2$ 交联前后 Nb$_2$CT$_x$/SA 纺丝复合膜的 SEM 图。在图 4-8 (a) 中，复合膜中的纳米纤维交织分布，Nb$_2$CT$_x$ 纳米片嵌入纳米纤维中并与之连接，呈现出类神经元网络结构，这样的结构有利于水分子的捕获与传输。图 4-8 (b) 为 CaCl$_2$ 交联后复合膜的 SEM 微观形貌。由于纳米片的支撑作用以及两种材料之间的氢键相互作用，交联后 Nb$_2$CT$_x$/SA 复合纳米纤维的坍塌程度减弱。相比于交联后的 SA 纺丝膜，交联后的 Nb$_2$CT$_x$/SA 纺丝复合膜更有利于增强水分子的吸附并延长水分子的扩散通道。

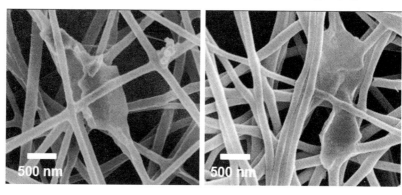

（a）CaCl$_2$ 交联前　　　　　（b）CaCl$_2$ 交联后

图 4-8　Nb$_2$CT$_x$/SA 纺丝复合膜的 SEM 图

采用台阶仪表征了不同静电纺丝时间（15 min、30 min、45 min）下，CaCl$_2$ 交联后的纺丝复合膜厚度，测试结果如图 4-9 所示。随着纺丝时间的递增，敏感活性层的平均厚度从 ～1.0 μm 增加到 ～3.6 μm。此外，不同纺丝时间下的复合膜都出现了台阶高度的上下波动，这表明了纺丝复合膜具有高的粗糙度和丰富的表面微观结构，有利于提供大量的水分子吸附位点。

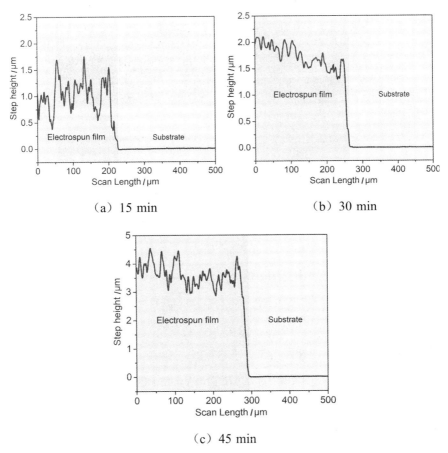

（a）15 min   （b）30 min

（c）45 min

图4-9　不同纺丝时间下 Nb_2CT_x/SA 复合膜的厚度表征

4.3.2　物相分析

图 4-10 展示了 Nb_2AlC 和 Nb_2CT_x 的 EDS 图像，Nb_2AlC 材料主要包括 Nb、C、Al、O 元素。经过刻蚀与插层后，Al 元素的原子百分比从 18.35% 下降到 0.91%，表明了 Nb_2AlC 中 Al 原子层被成功刻蚀。同时，Nb_2CT_x 材料中的 O 元素含量增多，并含有少量的 F 元素，这说明 Nb_2CT_x 表面有大量的氧基与少量的氟基官能团。

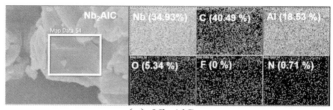

（a）Nb₂AlC

（b）Nb₂CTₓ

图4-10　敏感材料的EDS表征

图4-11为敏感材料的XRD表征分析结果。Nb₂AlC粉末的（002）、（004）、（100）、（101）、（102）、（103）、（006）、（105）、（107）、（110）衍射峰的2θ值分别为12.8°、25.7°、33.3°、34.0°、38.7°、38.9°、42.5°、52.2°、57.8°、59.5°，与标准卡片（JCPDS：#30-0033）匹配良好[205]。相比之下，（002）衍射峰的2θ值从12.8°移动到8.6°，表明层间距从Nb₂AlC的0.690 nm增加到Nb₂CTₓ的1.025 nm。此外，Nb₂AlC的最强衍射峰（102）与（103）消失，表明了刻蚀与插层处理后MAX前驱体中的Al原子层被成

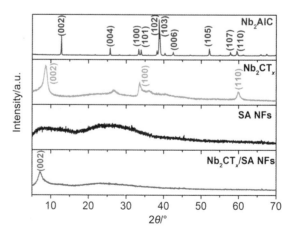

图4-11　Nb₂AlC、Nb₂CTₓ、SA纺丝膜、Nb₂CTₓ/SA纺丝复合膜的XRD表征

功去除[206]。SA 纺丝膜的 XRD 图谱表明其结晶度较低。Nb₂CTₓ/SA 复合膜中出现了 Nb₂CTₓ 材料的（002）衍射峰，这表明复合纺丝膜中 Nb₂CTₓ 纳米片的存在且复合纳米材料制备成功。

4.3.3 亲水性测试与化学键分析

Nb₂CTₓ、SA 纺丝膜、Nb₂CTₓ/SA 纺丝复合膜的 FTIR 光谱如图 4-12 所示。Nb₂CTₓ 在 2 921 cm⁻¹ 和 2 853 cm⁻¹ 处的振动峰对应于 C—H 键[93]。在 3 000～3 600 cm⁻¹ 处的特征峰对应于—OH，在 1 627 cm⁻¹ 处的特征峰对应于 C=O[93]，这表明 Nb₂CTₓ 具有大量的亲水官能团。SA 纺丝膜的 FTIR 光谱在 1 599 cm⁻¹/1411 cm⁻¹ 和 1 094 cm⁻¹/1 027 cm⁻¹ 处具有明显的特征峰，其分别对应于—COOH 和 C—O[207]。相比之下，Nb₂CTₓ/SA 复合膜的—OH 和—COOH 峰强度增强，表明其亲水性的提升。

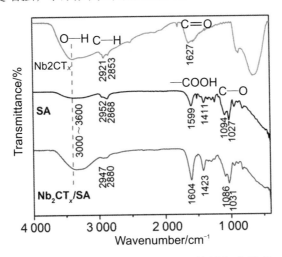

图 4-12　Nb₂CTₓ、SA 纺丝膜、Nb₂CTₓ/SA 纺丝复合膜的 FTIR 表征

SA 纺丝膜和 Nb₂CTₓ/SA 复合膜的水接触角测试如图 4-13 所示。测试结果表明，Nb₂CTₓ/SA 复合膜的水接触角小于 SA 纺丝膜的接触角。水接触角

越小，亲水性越强[208]，这表明Nb₂CT$_x$的添加使得复合膜的亲水性得到了有效提升。此外，复合膜的接触角在30 s内从初始状态（20.7°）快速降至稳态（10.9°），预示着纺丝复合膜器件具有快的响应速度。

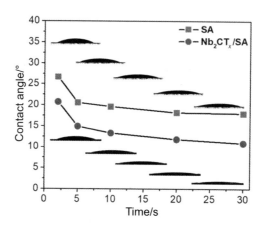

图4-13　SA纺丝膜与Nb₂CT$_x$/SA纺丝复合膜的水接触角表征

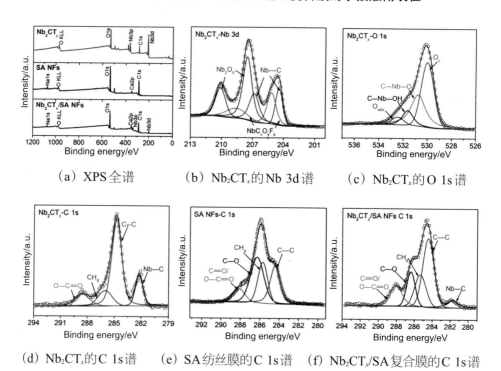

（a）XPS全谱　　（b）Nb₂CT$_x$的Nb 3d谱　　（c）Nb₂CT$_x$的O 1s谱

（d）Nb₂CT$_x$的C 1s谱　（e）SA纺丝膜的C 1s谱　（f）Nb₂CT$_x$/SA复合膜的C 1s谱

图4-14　敏感材料的XPS表征

图4-14展示了纯 Nb_2CT_x、SA 纺丝膜、Nb_2CT_x/SA 纺丝复合膜的 XPS 表征。图4-14（a）为 XPS 全谱，包含了所有预期的元素峰。比如，Nb_2CT_x 全谱包括 O KLL、O 1s、Nb 3p、C 1s、Nb 3d，SA 纺丝膜全谱包括 Na 1s、O KLL、O 1s、Ca 2p、C 1s。图4-14（b）显示了 Nb_2CT_x 材料的 Nb 3d 光谱，位于 204.0 eV/206.2 eV、204.6 eV/208.0 eV、206.9 eV/209.5 eV 处的特征峰，分别对应于 Nb—C、$NbC_xO_yF_z$、Nb_2O_5[209]。如图4-14（c）所示，Nb_2CT_x 的 O 1s 光谱在 530.0 eV、530.8 eV、531.6 eV、532.5 eV 处的特征峰，分别对应于晶格氧（O_L）、C—Nb—O、C—Nb—OH、吸附氧（O_{ads}）[210]。含氧官能团中电负性高的氧原子周围电子云密度大，有利于与水分子形成氢键吸附。图4-14（d）为 Nb_2CT_x 材料的 C 1s 光谱，以 282.0 eV、284.8 eV、286.0 eV、288.6 eV 为中心的特征峰分别代表了 Nb—C、C—C、CH_x、O—C=O。图4-14（e）和图4-14（f）展示了 SA 纺丝膜和复合膜在 294～279 eV 处的 C 1s 峰，在 284.4 eV、285.4 eV、286.4 eV、288.1 eV 处的特征峰，分别对应于 C—C、CH_x、C—O、C=O/O—C=O。相比之下，纺丝复合膜中的 C=O/O—C=O 峰强度大于 SA 纺丝膜，表明复合膜具有更丰富的亲水官能团。

4.4 发电型 Nb_2CT_x/SA 基湿度传感器性能测试与分析

4.4.1 测试方法与测试系统搭建

湿度测试系统如图4-15所示，由干燥空气、湿度发生器、数字源表、质量流量计、测试腔、电脑、气管等搭建组成。通过调节干燥空气和湿空气的流量比，可获得不同的湿度。在室温下将器件放入测试腔（尺寸为

15 mm×15 mm×10 mm）中，并通过Keithley 6500数字源表测量电子器件的
开路电压与短路电流。特别地，由于动态测试系统的测试腔尺寸与阵列器
件的尺寸不匹配，因此在阵列器件测试中，采用静态的饱和盐溶液方法来
产生不同的湿度环境。其他的测试方法同2.4.1节。

　　本节中，由于发电型湿度传感器在干燥环境下电压输出为零，因此，
在不同RH下湿度传感器的响应值定义为电压输出值。响应时间与恢复时间
分别定义为湿度传感器在吸附和解吸下达到稳定值90%的时间。灵敏度定
义为响应-RH线性拟合曲线的斜率。湿滞定义为器件在吸湿和脱湿的滞回
曲线中，其湿敏特征量的同一数值所指示RH的最大差值。重复性定义为循
环测试下响应电压值的RSD。

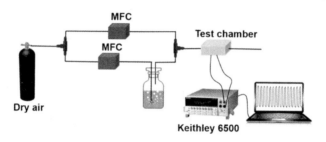

图4-15　湿度测试系统示意图

4.4.2　湿敏特性

　　如图4-16（a）所示，Nb_2CT_x基湿度传感器的电压输出随着RH的增加
而单调增加，但在0～91.5% RH湿度范围内响应输出小于40 mV。在图
4-16（b）中，SA纺丝膜湿度传感器在18.7% RH下无响应输出，表明低湿
环境中的水分子没有被SA纺丝膜充分吸附与电离。随着湿度的递增，SA
纺丝膜湿度传感器的响应逐渐增大至0.25 V，并在高湿环境下趋于饱和，
这表明了SA纺丝膜湿度传感器难以实现大量水分子的吸附、扩散与电离。

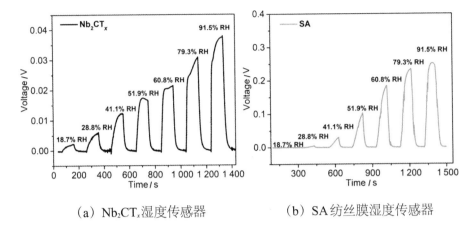

（a）Nb₂CTₓ湿度传感器　　　　（b）SA纺丝膜湿度传感器

图4-16　发电型湿度传感器对0～91.5% RH的湿敏响应

图4-17研究了不同纺丝时间（15 min、30 min、45 min）下Nb₂CTₓ/SA复合膜湿度传感器的湿敏性能。图4-17（a）～图4-17（c）展示了复合膜湿度传感器在91.5% RH下的实时电压输出曲线。随着纺丝膜厚度的增加，传感器的输出电压从0.35 V增大至0.62 V，同时，器件的响应时间从25.0 s延长至66.9 s。上述结果表明厚膜虽然可以输出高电压，但是也会明显地拖慢器件的响应速度。图4-17（d）为器件在不同纺丝时间下的电压输出与响应时间对比曲线，权衡电压输出与响应时间两个指标后，优选出30 min纺丝时间的复合膜湿度传感器作为进一步的研究对象。

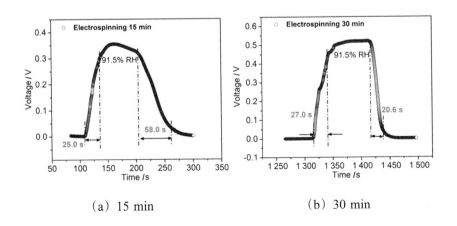

（a）15 min　　　　　　　　（b）30 min

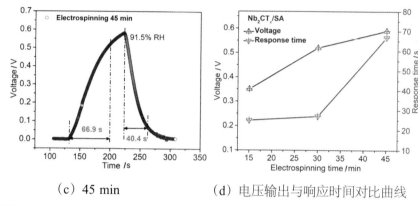

（c）45 min　　　　　（d）电压输出与响应时间对比曲线

图4-17　不同纺丝时间下Nb₂CTₓ/SA复合膜湿度传感器的湿敏特性测试

图4-18（a）显示了Nb₂CTₓ/SA复合膜湿度传感器在0～91.5% RH下的动态响应曲线。随着湿度递增，传感器的电压输出单调递增至0.53 V；同时，传感器对低湿18.7% RH仍具有响应，响应值为13.2 mV。图4-18（b）展示了Nb₂CTₓ、SA纺丝膜、Nb₂CTₓ/SA复合膜基湿度传感器的响应拟合曲线。复合膜湿度传感器在28.8%～91.5% RH范围内具有良好的线性度（R^2=0.9888）。同时，复合膜湿度传感器的灵敏度（7.8 mV·RH⁻¹）是Nb₂CTₓ湿度传感器灵敏度的16倍。特别地，Nb₂CTₓ/SA复合膜湿度传感器在91.5% RH下的响应时间与恢复时间分别为27.0 s与20.6 s。若想进一步提升器件的响应速度，可以考虑从以下3个方面进行改进：①选择亲水性和吸附性更强的敏感材料；②优化活性敏感层的厚度；③构建独特的3D结构以增加吸附位点并延长纳米扩散通道。

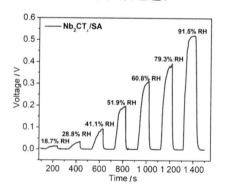
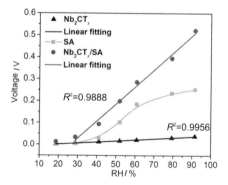

（a）Nb₂CTₓ/SA复合膜湿度传感器的实时响应曲线　　　（b）3种传感器的响应拟合曲线

图4-18　发电型湿度传感器对0～91.5% RH的湿敏响应

图 4-19 为 Nb₂CTₓ/SA 复合膜基湿度传感器的湿滞测试。图 4-19（a）为湿度传感器在吸附/脱附过程中的实时电压变化曲线。由于水分子的不完全脱附，湿度传感器在相同湿度下，脱附过程中的电压输出高于吸附过程中的电压输出。图 4-19（b）为湿度传感器的滞回曲线，计算结果表明 Nb₂CTₓ/SA 复合膜湿度传感器的湿滞约为 6.0% RH。

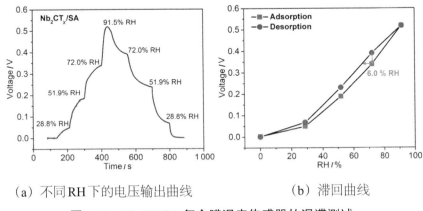

（a）不同 RH 下的电压输出曲线　　　　（b）滞回曲线

图 4-19　Nb₂CTₓ/SA 复合膜湿度传感器的湿滞测试

图 4-20 为 Nb₂CTₓ/SA 复合膜基湿度传感器在不同湿度下的重复性测试曲线。如图 4-20（a）所示，随着 51.9% RH 与干燥空气的切换，在 15 个循环测试内湿度传感器的输出电压均达到了稳定状态。对于 51.9% RH 和 91.5% RH，湿度传感器输出电压的 RSD 分别为 0.90% 和 0.75%，RSD 均小于 1%，这表明了 Nb₂CTₓ/SA 复合膜基湿度传感器具有优异的重复性。

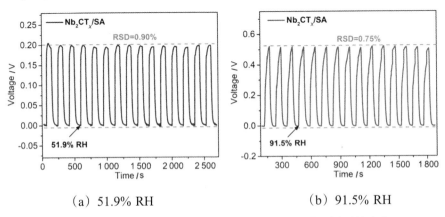

（a）51.9% RH　　　　　　　　　（b）91.5% RH

图 4-20　Nb₂CTₓ/SA 湿度传感器在不同 RH 下的重复性测试

4.4.3 发电特性

当 Nb_2CT_x/SA 复合膜基器件作为纳米发电机时，对其进行极性测试、输出功率测试、可持续输出测试。图4-21为器件的极性测试曲线。设置器件的下电极连接源表的正极，上电极连接源表的负极，在51.9% RH下器件输出正向电压。当上电极与下电极反向连接时，器件输出反向电压，证明了 Nb_2CT_x/SA 复合膜器件处于正常的工作状态，这与其他研究者所报道的结果一致[211-212]。

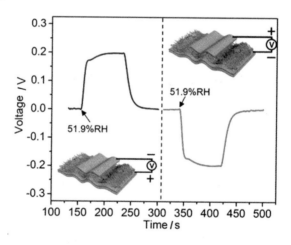

图4-21　Nb_2CT_x/SA 复合膜器件的极性测试曲线

图4-22（a）展示了 Nb_2CT_x/SA 复合膜器件在91.5% RH下不同负载电阻的输出电压与电流曲线，插图为等效电路图。测试结果表明，随着负载电阻值的增大，发电机的电压逐渐增大至～0.53 V；同时，短路电流则从～400 nA逐渐下降。图4-22（b）为器件的在不同负载电阻下的功率输出曲线。在最佳负载电阻下，器件的最大输出功率为123 nW。

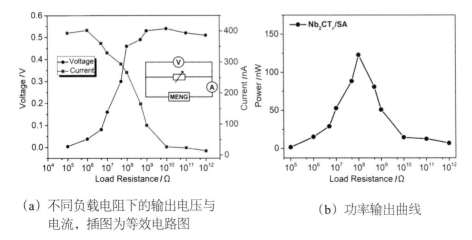

（a）不同负载电阻下的输出电压与
电流，插图为等效电路图

（b）功率输出曲线

图4-22　Nb₂CTₓ/SA 复合膜器件输出功率测试

Nb₂CTₓ/SA 复合膜器件的可持续输出测试如图4-23所示。在51.9% RH下，Nb₂CTₓ/SA 复合膜器件可连续6 h输出电压。此外，在复合膜器件连续发电3 h后，切换到干燥环境时，器件的输出电压可下降至0 V；再次加入湿度后，器件仍可继续输出0.2 V电压，且无明显衰减。然而在高湿环境下，在30 min内器件的输出电压衰减了0.13 V，表明了高湿环境下Nb₂CTₓ/SA 复合膜器件的可持续输出稳定性还有待进一步探索与优化。

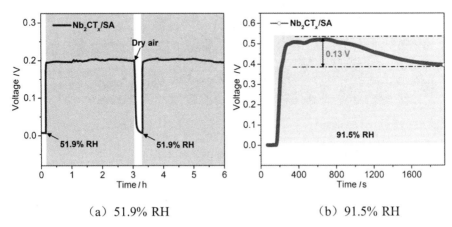

（a）51.9% RH

（b）91.5% RH

图4-23　Nb₂CTₓ/SA 复合膜器件在不同湿度下的可持续输出测试

Nb₂CTₓ/SA 复合膜器件的稳定性测试如图4-24所示。一个月内，器件对不同湿度的电压输出值出现了轻微波动。此外，图4-25展示了第1天与第30天Nb₂CTₓ/SA复合膜的SEM图。SEM表征结果表明了Nb₂CTₓ/SA纺丝复合膜在30天内具有稳定的三维网络结构，且没有出现严重的结构坍塌与纳米纤维溶解现象。实验测试结果与SEM形貌表征结果证明了发电型Nb₂CTₓ/SA复合膜传感器具有良好的稳定性。

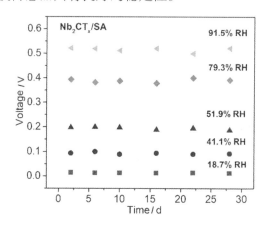

图4-24　Nb₂CTₓ/SA复合膜器件的稳定性测试

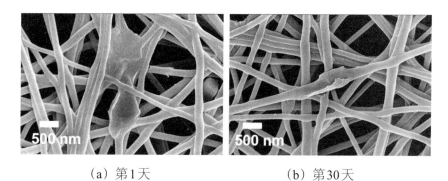

（a）第1天　　　　　　（b）第30天

图4-25　Nb₂CTₓ/SA复合膜在不同时期的SEM图

综上，Nb₂CTₓ/SA复合膜器件具有湿度传感和持续发电的双重功能，可以作为自驱动湿度传感系统的湿敏元器件和发电机。在湿敏性能方面，该器件具有较宽的检测范围（18.7%～91.5% RH）、较快的响应/恢复速度（27.0 s/20.6 s）、优异的重复性（RSD<1%）；在发电性能方面，该器件的最高输出电压为0.53 V，最大输出功率为123 nW，并且在中湿环境下可持续发电6 h。

4.5 离子扩散型湿度传感器湿敏/发电机理分析

发电型 Nb₂CTₓ/SA 湿度传感器的潜在工作机制如图 4-26 所示。当纺丝复合膜暴露在湿度环境中时，水分子沿着由网络结构构建的纳米通道扩散和电离，正负电荷的定向运动导致了上下电极之间出现电势差，从而输出电压响应作为感测信号。具体来说，当 Nb₂CTₓ/SA 纺丝复合膜受到湿度刺激时，水分子可通过氢键化学吸附在亲水材料表面[213-214]。根据含氧官能团的吸附能力（羧基>酚羟基>醇羟基>醚键>羰基）[215-216]，羧基和羟基在吸附水分子中起主导作用。随后，由于 Grotthuss 链式反应[217]、阴阳离子在大量水分子的物理吸附过程中解离。在离子浓度差和流动电势驱动下[198, 211, 218-219]，正电荷自发地沿着纳米通道从渗透侧（顶部）向干燥侧（底部）定向迁移，导致两个电极之间产生电势差和扩散电流。在干燥空气中时，水分子可从纺丝膜的透湿侧解吸，自由正电荷与负电荷或含氧基团重组，从而恢复到其初始状态并实现完整的循环[220]。

在没有 Nb₂CTₓ 纳米片的情况下，SA 纳米纤维的坍塌导致了水分子的有限吸附，具体表现为传感器在低湿下无响应，而在高湿下响应趋于饱和。在 Nb₂CTₓ/SA 纺丝复合膜中，线性的纳米纤维与 Nb₂CTₓ 纳米片交织重叠，形成仿生的类神经元网络结构，并发挥着支撑、吸附、运输的功能，使其容易地捕获水分子，促进阴离子和阳离子的迁移与富集。此外，纺丝复合膜吸附位点的增加与纳米通道的延长有利于水分子的扩散和离子浓度差的维持。因此，相比于 Nb₂CTₓ 与 SA 纺丝膜器件，Nb₂CTₓ/SA 复合膜器件具有更高的输出电压与更低的检测下限。

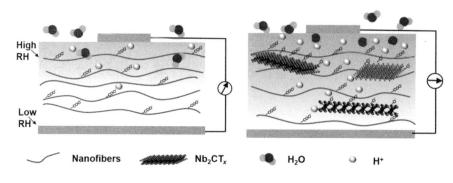

High
RH

Low
RH

〜〜〜 Nanofibers   ▨▨▨ Nb₂CTₓ   ●● H₂O   ○ H⁺

图4-26 发电型Nb₂CTₓ/SA湿度传感器的工作机理示意图

4.6 发电型Nb₂CTₓ/SA基湿度传感器多功能应用

图4-27探索了Nb₂CTₓ/SA复合膜湿度传感器在呼吸监测、非接触检测、智能报警等方面的多功能应用。如图4-27（a）所示，通过将Nb₂CTₓ/SA复合膜湿度传感器与口罩集成以实现人体呼吸行为的动态测试。图4-27（b）显示了在正常呼吸和急促呼吸条件下传感器的实时电压信号。正常呼吸时，传感器的输出电压在0.2～0.5 V之间剧烈波动，表明环境和呼出气之间存在较大的湿度差异。快速呼吸时，随着呼吸频率的增加，传感器的输出电压保持在0.49～0.52 V，这归因于半封闭式口罩不利于呼出气中的湿度扩散，从而导致器件处于相对高湿的环境中。如图4-27（c）和图4-27（d）所示，人体正常呼吸时呼吸频率约为17次/min，而急促呼吸的呼吸频率约为55～60次/min。复合膜器件不仅可以识别人体呼吸行为，而且能实现呼吸频次计数，表明了其在人体呼吸健康监测领域的应用潜力。

图4-27（e）为非接触开关的应用演示。当手指接近湿度传感器时，器件的输出电压增加到～0.35 V；当手指移开时，器件的输出电压降低，这种非接触开关可提高用电器的安全性。如图4-27（f）所示，使用120 mL自来

水模拟婴儿遗尿，随着尿布周围湿度的增加，附着在尿布上的传感器的输出电压也逐渐增加，这展示了其在智能尿布中的应用前景。

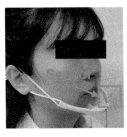

（a）佩戴口罩进行呼吸监测的光学照片

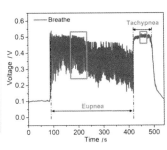

（b）传感器用于人体呼吸监测时的电压输出曲线

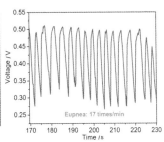

（c）正常呼吸下放大的电压输出曲线

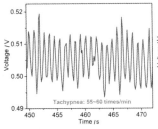

（d）急促呼吸下放大的电压输出曲线

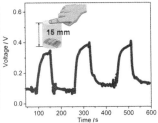

（e）传感器用于手指非接触测试时的电压输出曲线

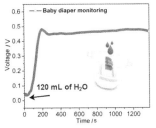

（f）传感器用于婴儿尿布湿度检测时的电压输出曲线

图 4-27 多功能应用演示

为了验证发电型 Nb₂CTₓ/SA 湿度传感器在发电方面的实用性，设计了自供电湿度传感系统的初始模型。通过串联的方法提升 3×3 阵列器件的电压输出，从而来驱动 LED 工作。如图 4-28（a）所示，阵列器件的输出电压随着单元器件串联数量的增加而增加。例如，在 91.5% RH 下，输出电压从单个器件的 0.53 V 增加到 3×3 阵列的 4.17 V。如图 4-28（b）所示，将阵列器件、电容器（6.3 V，100 μF）、红色 LED（工作电压约 1.5 V）集成，构建了自驱动传感系统。阵列器件在不同湿度下发电，电容器存储不一样的电量后可驱动 LED 灯发出不同亮度的光。

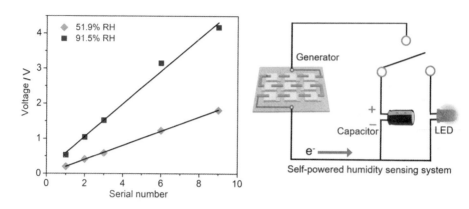

（a）串联后器件在不同湿度下的电压输出　　　（b）自供电湿度检测系统示意图

图4-28　自驱动湿度检测

　　具体地，将阵列器件置于LiCl（～11% RH）、NaBr（～59% RH）和 K₂SO₄（～97% RH）饱和盐溶液环境中以产生不同的电压输出，并通过源表实时测量电容器的电压。图4-29展示了电容器充电、LED点亮、电容器放电3个阶段的电压变化曲线。在没有任何外部电源的情况下，通过控制100 s的充电时间，自驱动湿度传感系统的LED灯能够对低湿、中湿、高湿显示出不同的亮度，更高的亮度表明环境具有更高的湿度。以上结果表明了该系统在无外部电源驱动下可实现可视化湿度监测。

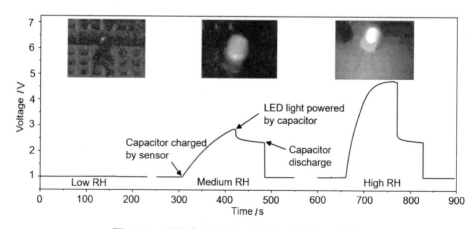

图4-29　无外部电源驱动下的可视化湿度监测

4.7 本章小结

    本章结合湿度传感与纳米发电技术，通过静电纺丝工艺制备了具有类神经元网络结构的Nb_2CT_x/SA纺丝复合膜，并基于离子扩散效应设计制备了三明治结构的发电型湿度传感器。采用SEM、TEM、AFM、XRD、FT-IR、XPS、台阶仪、水接触角表征技术分析了Nb_2CT_x、SA纺丝膜与Nb_2CT_x/SA纺丝复合膜的形貌、结构、物相、化学键、亲水性与膜厚等，表明了纺丝复合膜的三维网络空间结构与亲水特性。测试与分析了Nb_2CT_x/SA湿度传感器的湿敏特性与发电特性，在湿敏特性方面，复合膜湿度传感器在28.8%～91.5% RH下表现出良好的线性度（R^2=0.988 8）与灵敏度（7.8 mV/RH），其响应/恢复时间为27.0 s/20.6 s，湿滞约为6.0% RH；在发电性能方面，器件的最大电压输出为0.53 V，最大输出功率为123 nW。基于水分子吸附与扩散以及阴阳离子的定向转移，建立了湿敏/发电耦合的机理模型。此外，演示了便携式湿度传感器在人体呼吸评估、非接触监测、智能警报等方面的多功能应用。最后，在无外部电源的条件下搭建了自驱动湿度传感系统，并实现了低湿、中湿、高湿的可视化监测。

第五章

原电池型 Nb₂CTₓ/HA 基湿度传感器制备与特性研究

$$\text{原电池型 } Nb_2CT_x/HA \text{ 基湿度传感器}$$

5.1 引言

第四章中，基于离子扩散效应，开发了发电型 Nb_2CT_x/SA 纺丝复合膜基湿度传感器。虽然发电型湿度传感器有效地解决了 MENG 型湿度传感器检测范围窄、间歇性输出等问题，但是其响应输出与功率输出仍有待提升，同时其复杂的纳米结构设计和烦琐的制造工艺也有待改善[221-223]。为了解决上述问题，本课题组提出了一种低成本、制备工艺简单的原电池型湿度传感器（primary battery-based humidity sensor，PBHS）[224-225]。与 MENG 的离子扩散效应不同，原电池型湿度传感器的工作机制是基于闭环中正负电极的氧化还原反应；正负载流子的定向运动使电极之间产生电势差，从而输出电压。

在早期的原电池型湿度传感器工作中[224]，报道的 NaCl 纸基湿度传感器在低湿下无响应，检测范围仅为41.1%～91.5% RH；同时，该湿度传感器还具有较长的响应时间与恢复时间（109 s 与 113 s）。尽管后期通过优化衬底和敏感活性材料，提出了基于金属盐（如 LiCl、NaCl/埃洛石）的

PBHS，改善了器件的检测范围[225-226]。然而，获得高功率输出、低湿滞、快响应/恢复速度的发电型湿度传感器仍是目前所面临的挑战之一。金属盐基 PBHS 主要基于离子传导。与金属离子的长距离移动相比，在 Grotthuss 质子传导机制中质子沿着氢键网络快速迁移[227]，更有利于 PBHS 的快速响应与恢复。

Nb$_2$CT$_x$ 纳米片的层间范德瓦耳斯力可引起片层重新堆叠，这极大地限制了水分子的吸附和扩散，导致发电型湿度传感器响应小和输出功率低。为了解决这个问题，研究者常通过构建自支撑结构或加入层间间隔物支撑纳米片[109, 228]。实际上，得益于丰富的末端基团，分散性良好的 Nb$_2$CT$_x$ 纳米片有望与有机物之间形成氢键网络，从而增强水分子的吸附和传导[229-230]。HA 作为一种带负电荷的亲水性有机聚合物，可以打破 Nb$_2$CT$_x$ 胶体的静电平衡状态，从而发生絮凝现象[231]。HA 的引入也有望增强 MXene 的亲水性，并形成有机/无机杂化界面以构建质子传导的氢键网络。

基于此，本章提出通过 HA 诱导 Nb$_2$CT$_x$ 纳米片形成褶皱结构来构建氢键传导网络，设计了左右电极的平面型器件结构，并研制出基于原电池工作机制的发电型 Nb$_2$CT$_x$/HA 湿度传感器。进一步地，研究与分析了传感器的湿敏与发电特性，并基于氧化还原反应在干燥、低湿与高湿状态下建立了传感器的湿敏/发电耦合机理模型。最后，证实了该发电型湿度传感器在医疗辅助监测、智能传感与绿色能源发电方面的应用潜力。

5.2 发电型 Nb$_2$CT$_x$/HA 基湿度传感器设计与制备

5.2.1 实验材料与设备

本节所涉及的化学原材料及实验仪器，详见 2.2.1 节。本节与之不同的化学原材料及实验仪器见表5-1所列。

表5-1　部分化学原材料及实验仪器信息表

名称	相关参数	生产商
Nb_2AlC	200目	福斯曼科技（北京）有限公司
HA	40～100 kDa	上海麦克林生化科技股份有限公司
铜胶带	厚度：～65 μm	深圳市米乐奇胶带有限公司
铝箔	厚度：～20 μm	深圳市米乐奇胶带有限公司
数字源表	Keithley 6500	美国吉时利仪器公司
UV 紫外清洗机	TS-SY05	深圳东信高科自动化设备有限公司

5.2.2　Nb_2CT_x/HA 材料合成与传感器制备

Nb_2CT_x纳米片的制备工艺可参考4.2.2节。为了提升Nb_2CT_x纳米片的产率，本节采用 HF 刻蚀与 TMAOH 插层工艺。如图5-1所示，通过混合 Nb_2CT_x纳米片溶液与 HA 水溶液以制备 Nb_2CT_x/HA 复合材料。具体地，将 1 mL 70 mg·mL^{-1} Nb_2CT_x溶液和不同质量（35 mg、70 mg、140 mg）的 HA 粉末溶解在 5 mL 的去离子水中，在室温下搅拌 30 min，获得标记为 HNA-1、HNA-2、HNA-3 的复合材料。Nb_2CT_x纳米片与 HA 混合时出现了凝絮现象，静电诱导所形成的褶皱结构可为水分子提供丰富的吸附位点和亲水官能团。HA 的亲水分子链与Nb_2CT_x纳米片的末端基团相结合，形成的有机/无机杂化界面有利于构建氢键网络结构，从而促进电荷传导。

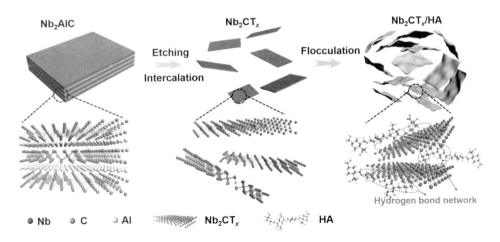

图 5-1 Nb_2CT_x/HA 复合材料制备示意图

　　器件的制备示意图如图 5-2 所示，UV 紫外处理 PI 衬底 3 min 以获得亲水表面，这有利于提升活性敏感层的沉积均匀性；将 Cu 电极与 Zn 电极以约 0.5 mm 的间隙粘贴在衬底上。窄间隙有助于水分子的连续吸附，并在两个电极之间形成不间断的载流子迁移通道。然后，通过刷涂工艺在衬底上沉积 HNA-1、HNA-2、HNA-3 复合薄膜。作为对比实验，使用相同的工艺制备了纯 Nb_2CT_x 和纯 HA 器件。最后，通过在 60 ℃下干燥 12 h 获得了 5 种原电池型湿度传感器。

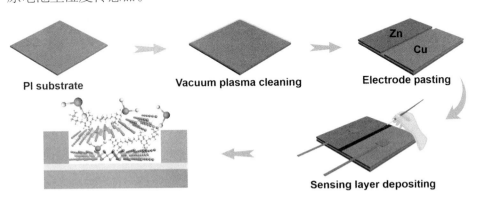

图 5-2 发电型 Nb_2CT_x/HA 湿度传感器制备示意图

5.3 材料及器件表征分析

5.3.1 形貌表征与材料组成分析

图 5-3 为 Nb_2CT_x/HA 复合薄膜器件的 EDS 图像，包括负电极的 Zn 元素、正电极的 Cu 元素以及活性敏感层的 O、Nb 元素。Zn 电极和 Cu 电极之间的间隙距离约为 0.5 mm。根据先前的研究[224-225]，较宽的电极间隙（1 mm 或 2 mm）会阻碍物理吸附的水分子形成连续的水膜，从而导致离散的载流子传输通道。因此，优选 0.5 mm 作为器件左右电极的间隙。

图 5-3 Nb_2CT_x/HA 复合薄膜器件的 EDS 表征

图 5-4 显示了 Nb_2CT_x、HA、Nb_2CT_x/HA 复合材料的微观形貌图，插图是对应的水溶液光学照片。如图 5-4（a）和图 5-4（b）所示，SEM 和 TEM 图片表明了 Nb_2CT_x 的纳米片结构及其薄层性质，纳米片的尺寸为 1~5 μm。同时，Nb_2CT_x 纳米片由于层间范德瓦耳斯力而紧密堆叠[232]，导致 Nb_2CT_x 敏感层无法充分利用 Nb_2CT_x 的纳米结构为水分子提供大量的吸附位点。图 5-4（c）为 HA 敏感层的 SEM 图，HA 薄膜相对平整并伴有轻微波纹，插图显示

其水溶液为无色透明状态。图 5-4（d）为 Nb₂CTₓ/HA 复合敏感层的 SEM图，静电作用引起的絮凝现象使复合材料呈现出三维褶皱结构，这可为水分子提供丰富的吸附位点。图 5-4（d）插图中的照片也直观地证实了Nb₂CTₓ/HA 复合溶液的絮凝现象。

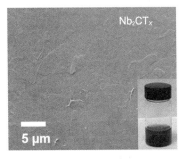
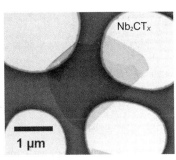

（a）Nb₂CTₓ 敏感层的 SEM 图　　　（b）Nb₂CTₓ 纳米片的 TEM 图

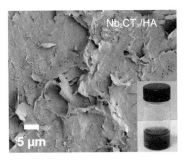

（c）HA 敏感层的 SEM 图　　　（d）Nb₂CTₓ/HA 敏感层的 SEM 图

图 5-4　湿敏材料的微观形貌图，插图为敏感材料水溶液照片

5.3.2　水接触角测试与化学键分析

为了验证材料的亲水性，Nb₂CTₓ、HA、Nb₂CTₓ/HA 复合材料基活性敏感层的动态水接触角测试如图 5-5 所示。在 10 s 内，3 种材料的水接触角为HA<Nb₂CTₓ/HA<Nb₂CTₓ。HA 材料在第 9 秒的接触角约为 32.4°，水接触角越小，表明其亲水性越强。Nb₂CTₓ/HA 复合材料的水接触角（39.2°）小于

Nb₂CTₓ的水接触角（53.5°），这表明HA的加入增强了Nb₂CTₓ的亲水性[233-234]。

Nb₂CTₓ、HA、Nb₂CTₓ/HA复合材料基活性敏感层的FTIR光谱如图5-6所示。Nb₂CTₓ的特征峰出现在518 cm⁻¹处，类似的峰也出现在复合材料中。特别地，与4.3.3节中Nb₂CTₓ纳米材料的FTIR相比，本节中的Nb₂CTₓ纳米片没有明显的C=O，这可能归因于两种Nb₂CTₓ的制备过程采用了不同的插层剂，从而导致末端基团的差异。HA和Nb₂CTₓ/HA复合薄膜在1 610 cm⁻¹/1 410 cm⁻¹与1 083 cm⁻¹/1 046 cm⁻¹处的振动峰分别对应于—COOH与C—O[207,235]，表明了二者均存在亲水官能团，这有利于敏感层通过氢键吸附水分子。

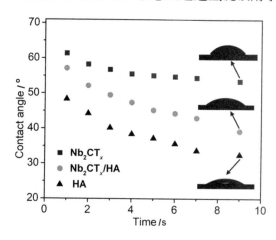

图5-5　Nb₂CTₓ、HA、Nb₂CTₓ/HA活性敏感层的动态水接触角表征

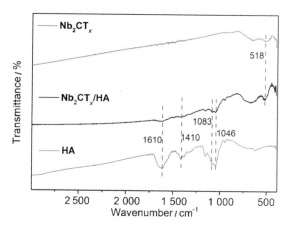

图5-6　Nb₂CTₓ、HA、Nb₂CTₓ/HA活性敏感层的FTIR表征

5.4 发电型 Nb_2CT_x/HA 基湿度传感器性能测试与分析

5.4.1 湿敏特性

本节的测试系统与测试方法同4.4节。

为了研究材料复合比例对湿度传感器响应值和响应速度的影响，在91.5% RH 下测试了5种原电池型湿度传感器（Nb_2CT_x、NHA-1、NHA-2、NHA-3、HA）的电压输出，如图5-7（a）所示。相应的响应输出值和响应时间对比如图5-7（b）所示，Nb_2CT_x 基湿度传感器的输出电压仅为~0.1 V，随着HA比例的增加，器件的输出电压逐渐增大，直至NHA-2基湿度传感器的输出电压达到0.7 V。随着HA的进一步增加，响应输出趋于饱和，这可能归因于HA的强亲水性和吸湿性。同时，湿度传感器的响应时间随着HA的增加而增加，这可能归因于表面平整的HA不利于大量水分子的快速吸附和扩散。权衡湿度传感器的响应输出与响应速度后，优选出NHA-2基湿度传感器作为进一步的研究对象。

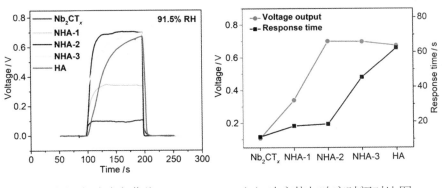

（a）实时响应曲线 （b）响应值与响应时间对比图

图5-7 5种原电池型湿度传感器对91.5% RH 的湿敏响应

图5-8（a）展示了NHA-2基湿度传感器在0～91.5% RH下的实时电压输出曲线。随着湿度递增，传感器的电压输出单调递增至0.7 V；同时，传感器对低湿10.9% RH具有响应。图5-8（b）为发电型湿度传感器响应值的二次拟合曲线，拟合系数为0.999 3。在高湿下，湿度传感器的响应大幅增加，这得益于高分子有机物HA对水分子的强吸湿性。

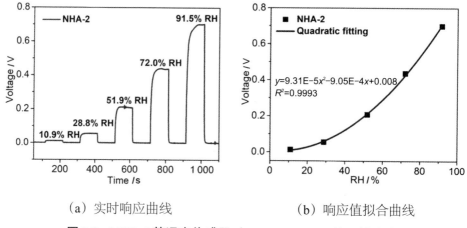

（a）实时响应曲线　　　　　　　　（b）响应值拟合曲线

图5-8　NHA-2基湿度传感器对0～91.5%　RH的湿敏响应

NHA-2基湿度传感器的重复性测试曲线如图5-9（a）所示。在6个循环测试中，传感器的响应值与基线值可快速达到稳定状态。经计算，在28.8% RH和72.0% RH下，传感器响应电压的RSD分别为1.38%和0.94%，这表明NHA-2基湿度传感器具有良好的重复性。图5-9（b）为放大的响应/恢复曲线，在28.8% RH和72.0% RH下，NHA-2基湿度传感器的响应时间分别为11.7 s和15.1 s；同时，该器件表现出超短的恢复时间（小于4 s），表明该湿度传感器具有较快的响应速度与恢复速度。

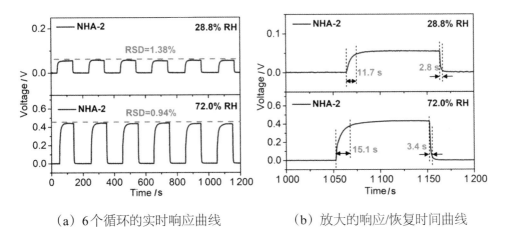

（a）6个循环的实时响应曲线　　（b）放大的响应/恢复时间曲线

图 5-9　NHA-2 基湿度传感器对 28.8% RH 与 72.0% RH 的重复性测试

NHA-2 基湿度传感器的湿滞测试如图 5-10 所示。图 5-10（a）为器件在持续增加与持续下降湿度环境下的吸附/脱附电压输出曲线。由于水分子的不完全脱附，导致在相同湿度下脱附过程中的电压输出高于吸附过程。图 5-10（b）为湿度传感器的滞回曲线，计算结果表明 NHA-2 基湿度传感器的湿滞为～3.6% RH。

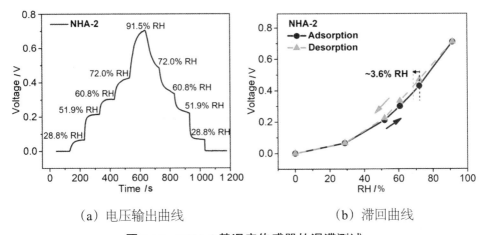

（a）电压输出曲线　　　　　（b）滞回曲线

图 5-10　NHA-2 基湿度传感器的湿滞测试

与第四章的离子扩散型 Nb$_2$CT$_x$/SA 纺丝复合膜湿度传感器相比，原电池型 NHA-2 湿度传感器的检测范围、响应输出值、响应/恢复速度得到了有效提升，且 NHA-2 湿度传感器的湿滞低至 3.6% RH。

5.4.2 发电特性

NHA-2 基器件作为发电机时，为了验证其处于正常工作状态，在 72.0% RH 下进行了极性测试。如图 5-11 所示，在正接与反接条件下，NHA-2 器件显示出相反的输出电压（正接即器件的 Cu 正极连接测试源表的正极），且电压输出绝对值几乎一致，测试结果表明发电机处于正常工作状态[212]。

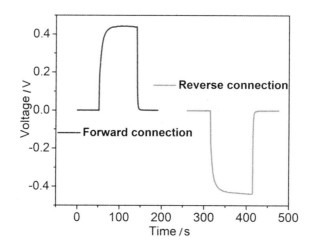

图 5-11　NHA-2 器件的极性测试曲线

图 5-12（a）为 NHA-2 器件在不同负载电阻下的电压和电流输出曲线。在 91.5% RH 下器件的开路电压为 0.7 V，随着负载电阻的减小而减小，而电流输出则呈现出相反的趋势。计算后的功率输出曲线如图 5-12（b）所示，在 100 kΩ 的最佳负载电阻下，NHA-2 器件的最大输出功率为 0.96 μW。

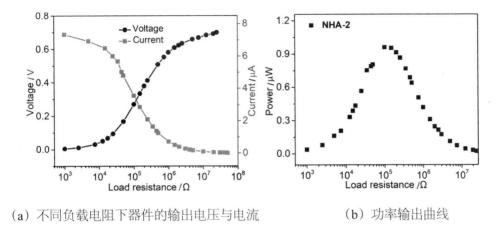

（a）不同负载电阻下器件的输出电压与电流　　　　（b）功率输出曲线

图5-12　NHA-2器件的输出功率测试

　　NHA-2器件的持续性输出测试如图5-13所示。在91.5% RH下器件可持续发电12 h，输出电压从0.7 V缓慢下降至0.6 V，电压变化率为14.3%。发电机可持续发电的时间越长，能量的存储与利用率越高。

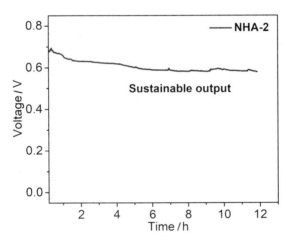

图5-13　NHA-2器件的持续性输出测试

　　表5-2为发电型湿度传感器性能对比表。由表可知，原电池型Nb_2CT_x/HA湿度传感器在检测范围、恢复时间、湿滞与输出功率方面具有一定的优势。此外，与第四章的离子扩散型Nb_2CT_x/SA器件相比，原电池型Nb_2CT_x/HA湿度传感器输出功率得到了明显的提升。

表 5-2　发电型湿度传感器性能对比表

敏感材料	检测范围	响应/恢复时间/s	湿滞	最大输出/V	功率	参考文献
NaCl/纸	41.1%～91.5% RH	109/113	12% RH	0.58	1.33 μW	[224]
1.0 mol/L LiCl	10.9%～91.5% RH	36.9/38.0	6.1% RH	0.39	—	[225]
2.0 mol/L LiCl	—	—	—	0.55	0.22 μW	[225]
RGO/GO/泡沫金属	31%～90% RH	0.8/2.4	—	0.77	—	[236]
碳素墨水/滤纸	33%～98% RH	132/50	8.0% RH	0.19	0.13 μW	[237]
$Ti_3C_2T_x$/纤维素/PSSA	20%～96% RH	<20/~60	—	0.38	< 90 nW	[121]
Nb_2CT_x/SA	18.7%～91.5% RH	27.0/20.6	6.0% RH	0.53	0.13 μW	第四章
Nb_2CT_x/HA	10.9%～91.5% RH	11.5/3.4	3.6% RH	0.7	0.96 μW	第五章

注：PSSA：聚苯乙烯磺酸。

5.5 原电池型湿度传感器湿敏/发电机理分析

NHA-2 基器件的工作机制如图 5-14 所示。在干燥环境中，水分子的缺乏导致器件无电压输出。当暴露于潮湿环境时，水分子首先与亲水官能团发生氢键相互作用，被化学吸附于 Nb_2CT_x/HA 复合材料表面[238-239]。进一步地，水分子被物理吸附后解离出 H^+ 和 OH^- [240-241]。基于 Grotthuss 质子传导理论，质子（H^+）可在连续的水层中快速传导[214, 227]。具体地，在潮湿环境中，Nb_2CT_x/HA 复合材料内部形成氢键网络。质子通过氢键不断断裂和形成的动态过程沿着氢键网络转移。与牛顿钟摆运动类似，质子沿着水分子链引发一系列位移，通过局部质子交换来实现质子的远距离快速传输[242]。

在电极电位差的驱动下，电解质中的正负电荷定向移动，形成导电路径，并在电极附近发生如式（5-1）与式（5-2）所示的反应[224-225]。负电极失

去电子产生 Zn^{2+}，正电极附近的 H^+ 被还原为 H_2。如图 5-14 所示，电子从负极转移到正极，从而在电极之间输出电压和电流。随着湿度的增加，更强的氧化还原反应导致更高的电压输出，但这种工作机制意味着原电池型器件的寿命有限。

$$2H^+ + 2e^- \longrightarrow H_2 \tag{5-1}$$

$$Zn - 2e^- \longrightarrow Zn^{2+} \tag{5-2}$$

特别地，发电型 Nb_2CT_x 湿度传感器在图 5-7 中显示出最小的响应，这归因于纳米片的自堆叠阻碍了水分子的大量吸附和扩散。在 HA 有机分子链的作用下，Nb_2CT_x/HA 复合材料兼具优异的亲水性和三维褶皱结构，提高吸附强度，同时为水分子提供了更多的吸附位点。此外，HA 的引入诱导了有机分子链和 Nb_2CT_x 纳米片之间氢键网络的构建，有机/无机杂化界面的原位形成有助于加速质子传导[243-244]。尽管纯 HA 具有强的亲水性和吸湿性，但它缺乏加速水分子吸附和扩散的支撑结构，导致 HA 器件响应时间长、速度慢。得益于这两种材料的独特优势，发电型 NHA-2 基湿度传感器具有高输出、快响应、快恢复、宽检测范围的特性。

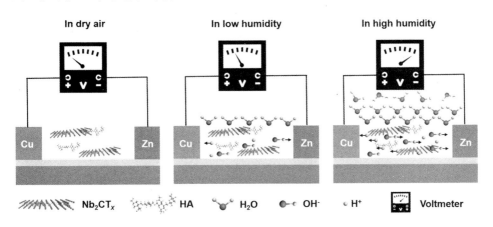

图 5-14　NHA-2 器件工作机制示意图

5.6 发电型 Nb_2CT_x/HA 基湿度传感器多功能应用

发电型NHA-2湿度传感器的多功能应用包括智能湿度检测与发电两方面。湿度检测方面的应用如图5-15所示，包括人体呼吸检测、尿不湿湿度监测与非接触开关控制。图5-15（a）为佩戴口罩时人体呼吸检测的光学照片，图5-15（b）和图5-15（c）为人体在不同呼吸频率下的电压输出曲线。在正常呼吸下，随着呼吸行为在口腔周围产生周期性的湿度变化，水分子可驱动传感器输出0.4～0.7 V的电压，呼吸频率为15～16次/min。随着呼吸频率加速到25～26次/min，传感器仍然能实时输出明显的电压峰值，表明NHA-2湿度传感器可以实现呼吸行为识别和呼吸频次计数功能。

尿失禁患者和婴儿在生理上依赖他人照顾，因此智能纸尿裤在全天候和远程医疗保健中显示出广泛的应用前景。图5-15（d）显示了在模拟尿布润湿场景下NHA-2基湿度传感器的输出曲线。器件的输出电压随着尿布周围湿度的增加而缓慢增加，并逐渐达到～0.6 V的稳定值，这表明了其在尿液监测中的潜在应用。近年来非接触式智能电子在预防公共场所中细菌和病毒感染方面显示出潜力。如图5-15（e）和图5-15（f）所示，传感器的输出电压随着手指的靠近而增加，并且随着手指的远离而返回到初始状态。手指表面的湿度越高，输出的电压越高，这表明了NHA-2基湿度传感器在智能非接触控制方面的应用前景。

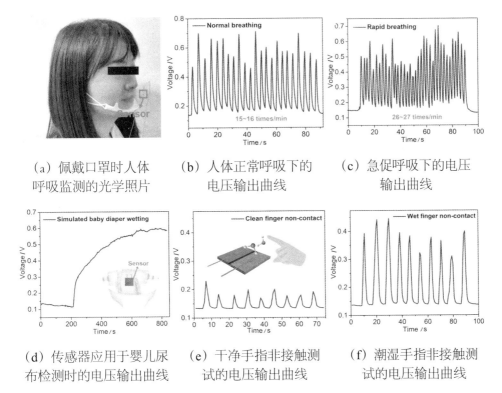

（a）佩戴口罩时人体呼吸监测的光学照片

（b）人体正常呼吸下的电压输出曲线

（c）急促呼吸下的电压输出曲线

（d）传感器应用于婴儿尿布检测时的电压输出曲线

（e）干净手指非接触测试的电压输出曲线

（f）潮湿手指非接触测试的电压输出曲线

图5-15　多功能传感应用演示

　　由于单元器件的输出电压不足以驱动用电器工作，因此通过简单的串联将3×3阵列集成在柔性PI基板上，器件实物图如图5-16（a）所示。将阵列器件放置于 K_2SO_4 饱和溶液（～97% RH）的测试瓶中，如图5-16（c）所示，随着器件串联个数的增加，器件的输出电压线性增加至6.3 V。为了演示原电池型器件阵列在发电领域的实际应用，通过集成阵列器件、商用电容器（10 V，10 μF）与红色LED，开发了一个简单的LED发光系统，如图5-16（b）所示。图5-16（d）展示了3次循环测试下电容器充电与放电的电压输出曲线。在100 s内，电容器可被快速充电至饱和电压。基于此，充电后的电容器可成功激发4个LED灯。如图5-16（e）所示，LED灯闪亮后，电容器的电压从6.3 V瞬间下降到5.5 V；短接正负极后，电容器的电压可瞬间降至0 V，回到初始状态。图5-16（f）和图5-16（g）为4个LED灯发光前后的实物图。通过扩大阵列单元有望实现更高的功率输出，从而驱动更复杂的电路和系统。此外，优化湿度敏感材料、降低器件内阻、扩大阵列结构等策略有望进一步提升发电型湿度传感器的湿敏性能与发电性能。因此，原电池型湿度传感器在实现自供电传感系统方面具有极大的潜力。

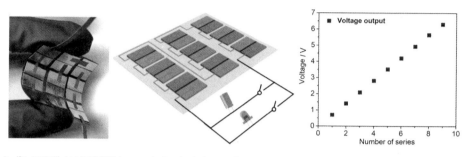

（a）集成器件的光学照片　　（b）发电机驱动LED　　（c）器件串联后的电压输出
　　　　　　　　　　　　　　　发光的等效电路图

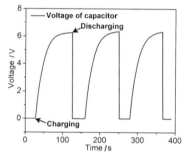 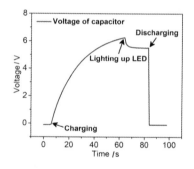

（d）3个周期下电容器充电和　　（e）电容器充电、LED点亮和
　　　放电的电压输出曲线　　　　　电容器放电的电压输出曲线

（f）4个LED熄灭的照片　　　　（g）4个LED发光的照片

图5-16　发电机驱动LED发光的应用演示

5.7 本章小结

本章设计了一种 HA 诱导 Nb_2CT_x 纳米片发生静电絮凝形成的褶皱结构，并结合湿度传感与原电池工作机制，采用简单的粘贴与刷涂工艺制备了发电型 Nb_2CT_x/HA 湿度传感器。采用 SEM、TEM、EDS、水接触角与 FTIR 等技术表征与分析了敏感活性材料的形貌与亲水性，表征结果表明了复合材料具有三维褶皱结构与良好的亲水性。测试并分析了发电型 Nb_2CT_x/HA 湿度传感器的湿敏特性与发电特性。Nb_2CT_x/HA 湿度传感器不仅具有高输出（0.7 V）与低湿滞（3.6% RH），而且具有快的响应速度和恢复速度，在 72% RH 下器件的响应时间与恢复时间分别为 15.1 s 和 3.4 s。在发电性能方面，器件的最大输出功率为 0.96 μW，且可持续输出电压 12 h。复合材料基于絮凝作用所形成的有机/无机杂化界面，不仅能够提供丰富的吸附位点，而且所构建的氢键传导网络可加速质子传导。基于此，结合原电池的氧化还原反应，建立了 Nb_2CT_x/HA 湿度传感器的湿敏/发电耦合工作机理模型。最后，展示了发电型湿度传感器在呼吸检测、尿布智能提醒、手指非接触控制、阵列驱动多个 LED 发光等方面的应用潜力。

第六章

总结与展望

6.1 全书总结

随着物联网的快速发展，气体与湿度传感器在新兴的智能家居、可穿戴设备、智能移动终端等领域的应用发展突飞猛进。与此同时，相关的电子产品也对传感器提出了更高的要求，迫切需要开发高灵敏、高选择、低功耗、自驱动、智能的气湿传感器。本书围绕具有独特导电性、2D层状结构、众多活性位点与末端基团的 MXene 材料，开展了一系列 MXene 基复合薄膜气湿传感器的研究。通过对室温 MXene 基复合薄膜和传感功能结构的设计与优化，基于气体阻塞效应增强、超强吸附与边缘富集结构耦合增强、离子扩散效应与原电池工作机制的湿敏/发电耦合，设计与制备了电阻型 NO_2 气体传感器与发电型湿度传感器，并对其敏感材料、敏感特性、敏感机理、潜在应用进行了系统的表征、测试、分析与演示。本书主要的研究内容及结论总结如下。

1. 通过 HF 刻蚀与 TMAOH 插层工艺制备了典型的 MXene 材料——$Ti_3C_2T_x$，并采用 γ-PGA 修饰 $Ti_3C_2T_x$ 纳米片，增强 $Ti_3C_2T_x$ 纳米片对 NO_2 气体的

正电阻响应行为，从而提升其室温下的气敏性能。SEM形貌表征结果表明复合材料中$Ti_3C_2T_x$的少层纳米片结构可以为气体分子提供更多的吸附位点。FTIR与XPS表征表明$Ti_3C_2T_x/\gamma$-PGA复合材料具有羧基、氨基和酰胺键，可形成动态非共价键以增强NO_2分子的吸附。制备了$Ti_3C_2T_x$、$Ti_3C_2T_x/\gamma$-PGA-1、$Ti_3C_2T_x/\gamma$-PGA-2、$Ti_3C_2T_x/\gamma$-PGA-3、γ-PGA基气体传感器，并探索了不同复合比例对气敏性能的影响。测试结果表明，与$Ti_3C_2T_x$基气体传感器相比，$Ti_3C_2T_x/\gamma$-PGA-2基气体传感器对50 ppm NO_2的响应为1 127.3%，提升了85倍。同时，该复合薄膜气体传感器不仅具有快的响应速度与恢复速度，对50 ppm NO_2的平均响应时间与恢复时间分别为43.4 s与3 s，而且具有良好的重复性与可逆性，响应值的RSD为0.94%。此外，研究了$Ti_3C_2T_x/\gamma$-PGA-2基NO_2气体传感器在不同湿度下的气敏响应，并通过多元回归方法对气体传感器进行了湿度补偿以消除湿度对气敏响应的影响。最后，基于水分子辅助下NO_2气体分子有效吸附与阻塞效应的增强，分析了$Ti_3C_2T_x/\gamma$-PGA复合薄膜气体传感器的气敏机理。

2. 采用两次HF刻蚀与TMAOH插层工艺制备了双过渡金属MXene材料——$Mo_2TiC_2T_x$，并采用DFT计算证明了$Mo_2TiC_2T_x$对NO_2气体分子具有超强的表面吸附。进一步地，通过在$Mo_2TiC_2T_x$表面原位生长MoS_2构建了具有边缘富集结构的异质界面。SEM与TEM形貌表征显示了大量的蕾丝状MoS_2生长在$Mo_2TiC_2T_x$纳米片的表面与边缘，有利于形成丰富的异质界面并促进NO_2气体分子吸附。EDS与XRD物相表征证实了复合材料的成功制备。XPS表征表明了复合材料中$Mo_2TiC_2T_x$和MoS_2之间的化学相互作用和电荷转移。制备了$Mo_2TiC_2T_x$、$Mo_2TiC_2T_x/MoS_2$-1、$Mo_2TiC_2T_x/MoS_2$-2、$Mo_2TiC_2T_x/MoS_2$-3、MoS_2基气体传感器，并探索了不同复合比例对气敏性能的影响。测试结果表明，$Mo_2TiC_2T_x/MoS_2$-2复合薄膜气体传感器在室温下表现出高灵敏度（7.36% ppm^{-1} @ 2～50 ppm）、超低检测下限（2.5 ppb）、良好的分段线性与重复性，在10 ppm和50 ppm NO_2下传感器响应电阻的RSD分别为7.6%和0.9%。此外，吸附能与态密度理论计算表明了NO_2气体分子和复合材料之间具有高的吸附灵敏度；同时，实验测试结果也显示了 $Mo_2TiC_2T_x/MoS_2$ 复合薄膜对 NO_2 气体的高选择性。基于复合材料的强吸附、丰富的吸附位点与异质结增强的协同效应，建立了 $Mo_2TiC_2T_x/MoS_2$ 基气体传感器的 NO_2 气敏机理模型。最后，设计并搭建了无线的 NO_2 预警系统，实现了 NO_2 气体浓度超标报警的功能验证。

3. 采用 HF 刻蚀与 TPAOH 插层工艺制备了 Nb_2CT_x 纳米片，并进一步通过静电纺丝工艺制备了具有类神经元网络结构的 Nb_2CT_x/SA 纺丝复合膜。设计了上下电极的三明治器件结构以开发具有湿度敏感与可持续发电的双功能电子器件。SEM 表征显示了 Nb_2CT_x/SA 复合薄膜中纳米纤维交织分布，Nb_2CT_x 纳米片嵌入纳米纤维中并与之连接，呈现出类神经元网络空间结构。台阶仪测试表明了纺丝复合膜具有高的粗糙度和丰富的表面微结构，这有利于水分子的吸附、扩散与传导。FTIR、水接触角与 XPS 表征表明了纺丝复合膜的亲水性。制备了 Nb_2CT_x、Nb_2CT_x/SA、SA 基发电型湿度传感器，并探索了不同纺丝时间（15 min、30 min 与 45 min）对复合膜湿度传感器性能的影响。在湿敏特性方面，复合膜湿度传感器在 28.8%～91.5% RH 范围内具有良好的线性度（R^2=0.988 8）与灵敏度（7.8 mV·RH^{-1}）；在 91.5% RH 下传感器的响应时间与恢复时间分别为 27.0 s 与 20.6 s，湿滞为～6.0% RH。在发电性能方面，Nb_2CT_x/SA 器件的最高电压输出为 0.53 V，在最佳负载电阻下器件的最大输出功率为 123 nW。基于离子扩散效应，建立了湿敏/发电耦合机理模型。当纺丝复合膜器件暴露在湿度环境中时，水分子沿着由网络结构构建的纳米通道扩散和电离，在离子浓度差和流动电势的驱动下，正电荷自发地沿着纳米通道从渗透侧向干燥侧定向迁移，导致两个电极之间产生电势差和扩散电流。此外，演示了便携式湿度传感器在人体呼吸评估、非接触监测、智能警报等方面的多功能应用。最后，搭建了自供电传感系统的初步模型，在没有外部电源的条件下，实现了低湿、中湿、高湿的可视化监测。

4. 采用简单的粘贴与刷涂工艺设计制备了左右电极结构的平面器件，

Cu电极（正电极）与Zn电极（负电极）以～0.5 mm的间隙粘贴在PI衬底上。通过静电凝絮形成Nb_2CT_x/HA复合材料，并通过刷涂工艺在电极间隙中沉积敏感活性沟道。SEM表征显示了复合材料的三维褶皱结构，这可为水分子提供丰富的吸附位点和扩散通道。水接触角与FTIR表征表明了Nb_2CT_x/HA复合薄膜具有良好的亲水性。制备了Nb_2CT_x、HNA-1、HNA-2、HNA-3、HA基发电型湿度传感器，并研究了不同复合比例对湿敏性能的影响。特性测试结果表明，Nb_2CT_x基湿度传感器的输出电压仅为～0.1 V，随着HA比例的增加，器件的输出电压逐渐增大，直至NHA-2基传感器的输出电压达到0.7 V。随着HA的进一步增加，响应输出趋于饱和，同时响应速度变慢。NHA-2基湿度传感器不仅具有宽检测范围（10.9%～91.5% RH）与低湿滞（～3.6% RH），而且具有优异的响应速度和恢复速度，在72% RH下响应时间与恢复时间分别为15.1 s和3.4 s。在发电性能方面，器件的最大输出功率为0.96 μW，且可持续电压输出12 h。基于絮凝作用形成的Nb_2CT_x/HA无机/有机杂化界面，不仅能够提供丰富的吸附位点，而且所构建的氢键传导网络可加速质子传导。基于此，结合原电池的氧化还原反应，建立了NHA-2基湿度传感器的湿敏/发电耦合工作机理模型。最后，介绍了NHA-2基湿度传感器在呼吸检测、智能尿布报警、手指非接触控制等多功能应用。此外，通过简单的串联将3×3阵列集成在柔性PI基板上，收集电能后可驱动4个红色LED发光。上述应用演示表明了发电型Nb_2CT_x/HA湿度传感器在智能传感和绿色能源发电方面的应用潜力。

6.2 主要创新与贡献

本书围绕MXene材料，结合高分子有机聚合物与MoS_2，开展了一系列MXene基复合薄膜气湿传感器的设计制备、特性研究、机理分析与应用演示。在气体传感方面，研制了电阻型 $Ti_3C_2T_x$/γ-PGA基 NO_2 气体传感器与电阻型 $Mo_2TiC_2T_x$/MoS_2 基 NO_2 气体传感器，前者实现了室温下 NO_2 检测的高响应与快速度，后者实现了室温下 NO_2 检测的高选择性与低检测下限。在湿度传感方面，研制了离子扩散型 Nb_2CT_x/SA湿度传感器与原电池型 Nb_2CT_x/HA湿度传感器，分析了湿敏/发电耦合机制，并开发了发电型湿度传感器在智能传感和绿色能源发电方面的多功能应用。主要创新与贡献如下。

1. 采用 γ-PGA修饰 $Ti_3C_2T_x$ 以增强 $Ti_3C_2T_x$ 基气体传感器的正电阻响应行为，提出了水分子辅助下有效吸附和阻塞效应的增强策略，改善了 $Ti_3C_2T_x$ 基 NO_2 气体传感器在室温下响应小、可逆性差的不足。

2. 提出了对 NO_2 气体分子具有强吸附特性的双金属MXene材料——$Mo_2TiC_2T_x$，并通过原位生长工艺将其与 MoS_2 耦合形成边缘富集的异质结构，在室温工作下实现了MXene基 NO_2 气体传感器的高灵敏、高选择与低检测下限。

3. 结合湿度传感与能源发电技术，提出了一种类神经元网络结构的 Nb_2CT_x/SA纺丝复合膜，并研制了具有湿敏与发电的双功能器件；改善了发电型湿度传感器检测范围窄、持续发电时间短、湿度传感与发电兼容耦合难的不足；在没有外部电源的条件下，搭建的传感系统实现了自驱动可视化湿度监测。

4. 设计了一种HA诱导 Nb_2CT_x 纳米片形成的褶皱结构以构建氢键传导网络，提出了基于原电池工作机制的平面型 Nb_2CT_x/HA湿度传感器，简化了发电型湿度传感器制备工艺，同时提升了器件的输出功率与响应/恢复速度。

6.3 后续研究展望

本书围绕MXene材料，发展了一系列MXene基复合薄膜气体与湿度传感器。对于气体传感器，研究重点在于通过气体吸附与异质界面增强策略来解决MXene基NO₂气体传感器所面临的响应小、可逆性差、恢复慢、选择性差等不足，从而设计制备了高灵敏、高选择、室温工作的NO₂气体传感器。对于湿度传感器，研究重点在于结合能源发电技术，设计并制备了湿敏与发电的双功能器件，探索湿敏/发电耦合机理，并进一步拓展器件的多功能应用。为了提升MXene基气湿传感器的性能，采用了不同的复合纳米材料、器件结构设计与敏感薄膜制备工艺。但受限于研究时间、研究条件与个人研究水平，本文在敏感材料的设计合成、传感单元的性能提升、气敏机理与湿敏/发电耦合机理的深入研究、传感器阵列化以及气湿传感器一体化兼容集成等方面仍有待进一步发展与完善。在本文的研究基础上，后续的工作可以从以下几个方面来开展。

1. 结合理论计算，完成敏感材料的优选与设计。虽然理论计算可以初步预测材料的本征特性，但准确的预测结果则需要完整、复杂与庞大的模型。因此，理论计算时尽量通过多参数调节（如传感材料的层数、尺寸、堆叠方式、表面基团、吸附位点、吸附方法）来进行预测。此外，MXene的组成元素丰富、种类繁多，除广泛报道的Ti₃C₂Tₓ外，具有新结构、新特性的其他MXene材料，如M位固溶体MXene、S位固溶体MXene、有序双过渡金属MXene材料以及新型的复合材料，仍有待进一步研究与发展。

2. 在MXene基传感单元器件的性能提升方面，分别对电阻型气体传感器与发电型湿度传感器进行展望。①MXene基NO₂气体传感器的批次一致性、可靠性及抗干扰能力仍有待提升。在工业生产中，通过逐个标定或以最坏参数为指标，有望提高传感器的可靠性。气体传感器的气敏响应易受湿度与干扰性气体的影响。因此，设计特异性敏感材料、构建特殊的传感功能结构、建立补偿模型等都能有效地减小交叉干扰。对于湿度干扰，还可采用预处理目标气体、疏水材料改性、仿生疏水结构设计等手段，提高气体传感器的抗湿性。②发电型湿度传感器的研究正处于发展阶段，后期可采用优化敏感材料、降低器件内阻、设计新结构等方法进一步提升发电型湿度传感单元的检测范围、响应输出、响应速度等性能指标。此外，发电型湿度传感器在高湿环境中长期工作后会出现电压波动和输出下降，这归因于活性敏感层不稳定以及电极被氧化腐蚀，因此在后续工作中有待增强活性敏感层的抗水溶性与优化电极材料。

3. 结合电荷转移理论、分子插层效应、气体分子物理/化学吸附等分析气体传感器的敏感机理模型。气体传感器的气敏响应受到敏感材料的多个参数综合影响（如吸附能、形貌、结构、电导率、敏感层厚度）。因此，敏感薄膜表面/界面效应、材料特性、微观形貌等对传感器宏观特性参数的影响机制，建立相关的敏感机理模型，需要在以后的工作中继续深入研究和探索。此外，发电型湿度传感器处于能源发电技术与传感器技术的交叉领域，为了更加清晰地、有力地阐述湿敏/发电耦合机理，仍有待探索特殊的表征手段与新的实验验证来进行分析与建模。

4. 结合传感器阵列设计与数据融合算法，实现准确、快速的气体识别与智能化应用。气体传感单元容易对各种干扰性气体产生相互作用，基于MEMS技术设计由多个传感单元组成的传感集成阵列，并通过数据融合算法将这些响应信号转化为每种待测物特定的"指纹图谱"，在复杂环境下有望实现准确的气体检测。对于发电型湿度传感器，可通过扩大阵列规模与串并联等方法实现更高的功率输出，从而驱动复杂的电路系统，在无外部电源的驱动下真正地实现自供电湿度检测。同时，湿度作为在气体检测中不可忽略的参量，湿度传感器不可或缺。虽然本书研制了一系列的MXene基气体与湿度传感器，但在气湿传感器一体化兼容集成方面仍有大量工作待完成。

后　记

春去秋来，花落花开，2013年踏入电子科技大学，2023年在此写下论文致谢，以告别我的学生时代。十年成电，沉淀十年。我由衷地感谢电子科技大学对我十年成长的培育，让我学会独立、学会思考、读懂自洽、读懂努力与奋斗。

感谢我的硕士生兼博士生导师——太惠玲教授，感谢您带我走上科研之路，一路上秉持着严谨、负责、认真、细致的态度把控研究方向，并指导我顺利完成多个科研课题。从日常相处、实验方案讨论、实验室工作安排以及科研项目验收的点滴中，我从您身上学到了"两条腿走路"的方法，遇到困难、解决困难的坦然以及敢于拼搏、敢于奋斗的精神。

感谢蒋亚东教授所提供的科研平台与实验条件，让我在良好的学术氛围中顺利地完成课题，同时，结交益友。感谢实验室的谢光忠教授、杜晓松教授、吴志明教授、王军教授、顾德恩教授、黎威志研究员、苏元捷研究员、王洋副教授以及胡添勇老师等对我的帮助与指导。感谢新加坡南洋理工大学的外导——Wang Qijie教授，让我开阔学术视野，拓宽知识领域。

遇见各位老师，让我实现了人生三大幸事之一，遇良师。

枯燥且漫长的科研生活中，感谢各位师兄师姐、师弟师妹以及同学朋友的帮助与支持。感谢叶宗标、袁震、刘春华、王斯、段再华、潘虹、郭睿、叶学亮、何载舟、姚玉锦、杨瑞雨、李承臻、刘雪燕、黄琦、练芸路、刘勃豪、张亚杰、刘青霞、王家棋、张敏刚、查小婷、李春梅、杨瑞雨、张俊新、孙腾、张明祥、肖建花、吴英伟、刘灿、谢春燕、吴宜俊等博士/硕士。感谢我的老朋友赵燕琴、苏杰、朱航萌、马沪敏、顾灵茹、黄莉钒、闫明珠、唐沂等人对我的鼓励与关心。感谢在新加坡结识的同学与朋友对我的帮助，感谢王发坤、朱松、崔洁圆、陈文铎、王重午、叶鸣等博士后/博士，让我在异国他乡顺利地开启新的学习与生活。

遇见你们，让我实现了人生三大幸事之二，得良友。

感谢我的男朋友——杨乾峰，感谢他一路对我的支持与陪伴。他沉稳的性格、坚毅的品质、乐观幽默与实事求是的态度，对我影响颇深。感谢他和我一起承受了我读博期间的各种压力、焦虑等负面情绪，陪伴是最长情的告白。

遇见你，让我实现了人生三大幸事之三，拥良伴。

感谢我的家人，对我读研与读博无条件的支持与鼓励！

感谢祖国与这个时代，让我可以一路前行，积极向上！

何其有幸，得遇吾卿！

参考文献

［1］刘玉焘. 基于可穿戴式传感器的人体动作捕获与识别研究［D］. 哈尔滨：哈尔滨工业大学，2020，1-4.

［2］林修竹. 面向人体生命体征信号监测的柔性压力传感器的研究［D］. 长春：吉林大学，2022，1-18.

［3］ZHAO Q，ZHANG Y，DUAN Z，et al. A review on $Ti_3C_2T_x$-based nanomaterials：Synthesis and applications in gas and humidity sensors［J］. Rare Metals，2021，40（6）：1459-1476.

［4］朱成龙，周杨，吴科，等. 基于二维材料的气体传感器研究进展［J］. 传感器与微系统，2023，42(06)：8-16.

［5］陈涛，周婕妤，沈亚芹，等. 有害气体检测传感器技术进展［J］. 化学分析计量，2022，31(07)：90-94.

［6］PADVI M N，MOHOLKAR A V，PRASAD S R，et al. A critical review on design and development of gas sensing materials［J］. Engineered Science，2021，15：20-37.

［7］NAZEMI H，JOSEPH A，PARK J，et al. Advanced micro- and nano-gas sensor technology：A review［J］. Sensors，2019，19(6)：1285.

［8］ZHANG L，KHAN K，ZOU J，et al. Recent advances in emerging 2D material-based gas sensors：Potential in disease diagnosis［J］. Advanced Materials Interfaces，2019，6(22)：1901329.

［9］ZHAO J，XU Z，ZHOU Z，et al. A safe flexible self-powered wristband system by integrating defective MnO_{2-x} nanosheet-based zinc-ion batteries with perovskite solar cells［J］. ACS Nano，2021，15(6)：10597-10608.

［10］ZHANG D，XU Z，YANG Z，et al. High-performance flexible self-powered tin disulfide nanoflowers/reduced graphene oxide nanohybrid-based humidity sensor driven by triboelectric nanogenerator［J］. Nano Energy，2020，67：104251.

[11] WANG D, ZHANG D, LI P, et al. Electrospinning of flexible poly (vinyl alcohol)/MXene nanofiber-based humidity sensor self-powered by monolayer molybdenum diselenide piezoelectric nanogenerator [J]. Nano-Micro Letters, 2021, 13 (1): 57.

[12] ANASORI B, LUKATSKAYA M R, GOGOTSI Y. 2D metal carbides and nitrides (MXenes) for energy storage[J]. Nature Reviews Materials, 2017, 2(2): 16098.

[13] GOGOTSI Y, HUANG Q. MXenes: Two-dimensional building blocks for future materials and devices[J]. ACS Nano, 2021, 15(4): 5775-5780.

[14] 赵秋妮, 蒋亚东, 袁震, 等. MXene复合气敏材料: 进展与未来挑战[J]. 科学通报, 2022, 67(24): 2823-2834.

[15] 袁文玉. MXene转化二维碳纳米复合材料的结构设计、制备与性能研究[D]. 西安: 西北工业大学, 2018, 14-20.

[16] 丁玲, 蒋瑞, 唐子龙, 等. MXene材料的纳米工程及其作为超级电容器电极材料的研究进展[J]. 无机材料学报, 2023, 38(06): 619-633.

[17] DESHMUKH K, KOVÁŘÍK T, KHADHEER PASHA S K. State of the art recent progress in two dimensional MXenes based gas sensors and biosensors: A comprehensive review[J]. Coordination Chemistry Reviews, 2020, 424: 213514.

[18] NAGUIB M, KURTOGLU M, PRESSER V, et al. Two-dimensional nanocrystals produced by exfoliation of Ti_3AlC_2 [J]. Advanced Materials, 2011, 23 (37): 4248-4253.

[19] MURALI G, REDDY MODIGUNTA J K, PARK Y H, et al. A review on MXene synthesis, stability, and photocatalytic applications[J]. ACS Nano, 2022, 16(9): 13370-13429.

[20] BERDIYOROV G R. Optical properties of functionalized $Ti_3C_2T_2$ (T = F, O, OH) MXene: First-principles calculations[J]. AIP Advances, 2016, 6(5): 055105.

[21] MALESKI K, MOCHALIN V N, GOGOTSI Y. Dispersions of two-dimensional titanium carbide MXene in organic solvents[J]. Chemistry of Materials, 2017, 29 (4): 1632-1640.

［22］LIN H, CHEN Y, SHI J. Insights into 2D MXenes for versatile biomedical appli-
cations: Current advances and challenges ahead［J］. Advanced Science, 2018, 5
（10）: 1800518.

［23］WANG H W, NAGUIB M, PAGE K, et al. Resolving the structure of $Ti_3C_2T_x$
MXenes through multilevel structural modeling of the atomic pair distribution
function［J］. Chemistry of Materials, 2015, 28（1）: 349-359.

［24］SANG X, XIE Y, LIN M W, et al. Atomic defects in monolayer titanium carbide
（$Ti_3C_2T_x$）MXene［J］. ACS nano, 2016,10（10）: 9193-9200.

［25］TANG Q, ZHOU Z. Graphene-analogous low-dimensional materials［J］. Progress
in Materials Science, 2013, 58（8）: 1244-1315.

［26］SUN Z, MUSIC D, Ahuja R, et al. Bonding and classification of nanolayered ter-
nary carbides［J］. Physical Review B, 2004, 70（9）: 092102.

［27］TANG M, LI J, WANG Y, et al. Surface terminations of MXene: Synthesis,
characterization, and properties［J］. Symmetry, 2022,14（11）: 2232.

［28］WEI Y, ZHANG P, Soomro R A, et al. Advances in the synthesis of 2D MXenes
［J］. Advanced Materials, 2021, 33（39）: 2103148.

［29］GHIDIU M, LUKATSKAYA M R, ZHAO M Q, et al. Conductive two-dimension-
al titanium carbide 'clay' with high volumetric capacitance［J］. Nature, 2014, 516
（7529）: 78-81.

［30］XIONG D, LI X, BAI Z, et al. Recent advances in layered $Ti_3C_2T_x$ MXene for
electrochemical energy storage［J］. Small, 2018,14（17）: 1703419.

［31］HOPE M A, FORSE A C, GRIFFITH K J, et al. NMR reveals the surface func-
tionalisation of Ti_3C_2 MXene［J］. Physical Chemistry Chemical Physics, 2016, 18
（7）: 5099-5102.

［32］MISHRA A, SRIVASTAVA P, CARRERAS A, et al. Atomistic origin of phase
stability in oxygen-functionalized MXene: A comparative study［J］. The Journal of
Physical Chemistry C, 2017,121（34）: 18947-18953.

［33］MASHTALIR O, NAGUIB M, MOCHALIN V N, et al. Intercalation and delamination of layered carbides and carbonitrides [J]. Nature Communications, 2013, 4: 1716.

[34] HANTANASIRISAKUL K, ZHAO M, URBANKOWSKI P, et al. Fabrication of $Ti_3C_2T_x$ MXene transparent thin films with tunable optoelectronic properties [J]. Advanced Electronic Materials, 2016, 2(6): 1600050.

[35] CHOI J, KIM Y, CHO S, et al. In situ formation of multiple Schottky barriers in a Ti_3C_2 MXene film and its application in highly sensitive gas sensors [J]. Advanced Functional Materials, 2020, 30(40): 2003998.

[36] WANG X, GARNERO C, ROCHARD G, et al. A new etching environment (FeF_3/HCl) for the synthesis of two-dimensional titanium carbide MXenes: A route towards selective reactivity vs. water [J]. Journal of Materials Chemistry A, 2017, 5(41): 22012-22023.

[37] LI T, YAO L, LIU Q, et al. Fluorine-free synthesis of high-purity $Ti_3C_2T_x$ (T= OH, O) via alkali treatment [J]. Angewandte Chemie International Edition, 2018, 57(21): 6115-6119.

[38] LI G, TAN L, ZHANG Y, et al. Highly efficiently delaminated single-layered MXene nanosheets with large lateral size [J]. Langmuir, 2017, 33 (36): 9000-9006.

[39] YANG S, ZHANG P, WANG F, et al. Fluoride-free synthesis of two-dimensional titanium carbide (MXene) using a binary aqueous system [J]. Angewandte Chemie-International Edition, 2018, 57(47): 15491-15495.

[40] SHAN Q, MU X, ALHABEB M, et al. Two-dimensional vanadium carbide (V_2C) MXene as electrode for supercapacitors with aqueous electrolytes [J]. Electrochemistry Communications, 2018, 96: 103-107.

[41] LUKATSKAYA M R, MASHTALIR O, Ren C E, et al. Cation intercalation and high volumetric capacitance of two-dimensional titanium carbide [J]. Science, 2013, 341(6153): 1502-1505.

[42] XU H, FAN J, SU H, et al. Metal ion-induced porous MXene for all-solid-state flexible supercapacitors [J]. Nano Letters, 2023, 23(1): 283-290.

［43］LI K, LIANG M, WANG H, et al. 3D MXene architectures for efficient energy storage and conversion ［J］. Advanced Functional Materials, 2020, 30（47）: 2000842.

［44］HO D H, CHOI Y Y, Jo S B, et al. Sensing with MXenes: Progress and prospects ［J］. Advanced Materials, 2021, 33（47）: 2005846.

［45］YANG Z, LV S, ZHANG Y, et al. Self-assembly 3D porous crumpled MXene spheres as efficient gas and pressure sensing material for transient all-MXene sensors［J］. Nano-Micro Letters, 2022, 14（1）: 56.

［46］PEI Y, ZHANG X, HUI Z, et al. $Ti_3C_2T_x$ MXene for sensing applications: Recent progress, design principles, and future perspectives［J］. ACS Nano, 2021, 15（3）: 3996-4017.

［47］LIU Y, DING H, CHANG S, et al. Exposure to air pollution and scarlet fever resurgence in China: A six-year surveillance study ［J］. Nature Communications, 2020, 11（1）: 4229.

［48］HSU L C, ATIVANICHAYAPHONG T, Cao H, et al. Evaluation of commercial metal-oxide based NO sensors［J］. Sensor Review, 2007, 27（2）: 121-131.

［49］LIU S, WANG M, LIU G, et al. Enhanced NO_2 gas-sensing performance of 2D Ti_3C_2/TiO_2 nanocomposites by in-situ formation of Schottky barrier［J］. Applied Surface Science, 2021, 567: 150747.

［50］KHATUN N, RANI S, BEHERA G, et al. Gas sensing of partially oxidized $Ti_3C_2T_x$ MXene in argon atmosphere ［J］. Journal of Materials Nano Science, 2022, 9（1）: 74-78.

［51］YANG Z, ZOU H, ZHANG Y, et al. The introduction of defects in $Ti_3C_2T_x$ and $Ti_3C_2T_x$-assisted reduction of graphene oxide for highly selective detection of ppb-level NO_2［J］. Advanced Functional Materials, 2022, 32（15）: 2108959.

［52］SONG Y, XU Y, GUO Q, et al. MXene-derived TiO_2 nanoparticles intercalating between RGO nanosheets: An assembly for highly sensitive gas detection ［J］. ACS Applied Materials & Interfaces, 2021, 13（33）: 39772-39780.

［53］CHEN T, YAN W, WANG Y, et al. SnS_2/MXene derived TiO_2 hybrid for ultra-fast room temperature NO₂ gas sensing[J]. Journal of Materials Chemistry C, 2021, 9(23): 7407-7416.

[54] WU X, GONG Y, YANG B, et al. Fabrication of SnO₂-TiO₂-Ti₃C₂Tₓ hybrids with multiple-type heterojunctions for enhanced gas sensing performance at room temperature[J]. Applied Surface Science, 2022, 581: 152364.

[55] LIU Z, LV H, XIE Y, et al. A 2D/2D/2D Ti₃C₂Tₓ@TiO₂@MoS₂ heterostructure as an ultrafast and high-sensitivity NO₂ gas sensor at room-temperature[J]. Journal of Materials Chemistry A, 2022, 10(22): 11980-11989.

[56] LI H, WEN J, DING S, et al. Synergistic coupling of 0D-2D heterostructure from ZnO and Ti₃C₂Tₓ MXene-derived TiO₂ for boosted NO₂ detection at room temperature [J]. Nano Materials Science, 2023. https://doi.org/10.1016/j.nanoms.2023.02.001

[57] WANG Y, FU J, XU J, et al. Atomic plasma grafting: Precise control of functional groups on Ti₃C₂Tₓ MXene for room temperature gas sensors[J]. ACS Applied Materials & Interfaces, 2023, 15(9): 12232-12239.

[58] KUMAR A N, PAL K. Amine-functionalized stable Nb₂CTₓ MXene toward room temperature ultrasensitive NO₂ gas sensor[J]. Materials Advances, 2022, 3(12): 5151-5162.

[59] CHEN W, LI P, YU J, et al. In-situ doping nickel single atoms in two-dimensional MXenes analogue support for room temperature NO₂ sensing[J]. Nano Research, 2022, 15(10): 9544-9553.

[60] CHOI J, CHACON B, PARK H, et al. N-p-conductor transition of gas sensing behaviors in Mo₂CTₓ MXene[J]. ACS Sensors, 2022, 7(8): 2225-2234.

[61] GAO J, DU Q, CHEN K, et al. Synthesis of few-layered Ti₃C₂Tₓ/WO₃ nanorods foam composite material for NO₂ gas sensing at low temperature[J]. Ceramics International, 2023, 49(18): 29962-29970.

[62] YANG Z, LIU A, WANG C, et al. Improvement of gas and humidity sensing properties of organ-like MXene by alkaline treatment[J]. ACS Sensors, 2019, 4(5): 1261-1269.

［63］CHEN X, LI J, PAN G, et al. Ti$_3$C$_2$ MXene quantum dots/TiO$_2$ inverse opal heterojunction electrode platform for superior photoelectrochemical biosensing［J］. Sensors and Actuators B: Chemical, 2019, 289: 131-137.

［64］YANG Z, JIANG L, WANG J, et al. Flexible resistive NO$_2$ gas sensor of three-dimensional crumpled MXene Ti$_3$C$_2$T$_x$/ZnO spheres for room temperature application ［J］. Sensors and Actuators B: Chemical, 2021, 326: 128828.

［65］FAN C, SHI J, ZHANG Y, et al. Fast and recoverable NO$_2$ detection achieved by assembling ZnO on Ti$_3$C$_2$T$_x$ MXene nanosheets under UV illumination at room temperature［J］. Nanoscale, 2022, 14(9): 3441-3451.

［66］TSENG S F, LIN Y H, ZHOU M H, et al. Synthesis of Ti$_3$C$_2$T$_x$/ZnO composites decorated with PEDOT: PSS for NO$_2$ gas sensors［J］. The International Journal of Advanced Manufacturing Technology, 2023, 126(5): 2269-2281.

［67］LIU X, ZHANG H, SONG Y, et al. Facile solvothermal synthesis of ZnO/Ti$_3$C$_2$T$_x$ MXene nanocomposites for NO$_2$ detection at low working temperature［J］. Sensors and Actuators B: Chemical, 2022, 367: 132025.

［68］TA Q T, THAKUR D, Noh J-S. Enhanced gas sensing performance of ZnO/ Ti$_3$C$_2$T$_x$ MXene nanocomposite［J］. Micromachines, 2022, 13(10): 1710.

［69］ZHANG B, LI C, LI M, et al. High-performance ppb level NO$_2$ gas sensor based on colloidal SnO$_2$ quantum wires/Ti$_3$C$_2$T$_x$ MXene composite［J］. Nanomaterials, 2022, 12(24): 446.

［70］GASSO S, MAHAJAN A. Self-powered wearable gas sensors based on L-ascorbate-treated MXene nanosheets and SnO$_2$ nanofibers［J］. ACS Applied Nano Materials, 2023, 6(8): 6678-6692.

［71］GASSO S, SOHAL M K, Mahajan A. MXene modulated SnO$_2$ gas sensor for ultra-responsive room-temperature detection of NO$_2$［J］. Sensors and Actuators B: Chemical, 2022, 357: 131427.

［72］KANG S, MIRZAEI A, SHIN K Y, et al. Highly selective NO$_2$ gas sensing with SnO$_2$-Ti$_3$C$_2$T$_x$ nanocomposites synthesized via the microwave process［J］. Sensors and Actuators B：Chemical, 2023, 375：132882.

[73] WANG D, ZHANG D, GUO J, et al. Multifunctional poly (vinyl alcohol)/Ag nanofibers-based triboelectric nanogenerator for self-powered MXene/tungsten oxide nanohybrid NO_2 gas sensor[J]. Nano Energy, 2021, 89：106410.

[74] GASSO S, MAHAJAN A. MXene decorated tungsten trioxide nanocomposite-based sensor capable of detecting NO_2 gas down to ppb-level at room temperature[J]. Materials Science in Semiconductor Processing, 2022, 152：107048.

[75] GUO F, FENG C, ZHANG Z, et al. A room-temperature NO_2 sensor based on $Ti_3C_2T_x$ MXene modified with sphere-like CuO [J]. Sensors and Actuators B：Chemical, 2023, 375：132885.

[76] SUN B, LV H, LIU Z, et al. $Co_3O_4@PEI/Ti_3C_2T_x$ MXene nanocomposites for a highly sensitive NO_x gas sensor with a low detection limit[J]. Journal of Materials Chemistry A, 2021, 9(10)：6335-6344.

[77] SUN B, QIN F, JIANG L, et al. Room-temperature gas sensors based on three-dimensional $Co_3O_4/Al_2O_3@Ti_3C_2T_x$ MXene nanocomposite for highly sensitive NO_x detection[J]. Sensors and Actuators B：Chemical, 2022, 368：132206.

[78] ZHANG W, WANG W, WANG Y, et al. Au nanoparticles decorated flower-like SnS_2/Ti_3C_2 MXene microcomposite for high performance NO_2 sensing at room temperature[J]. Applied Surface Science, 2023, 637：157957.

[79] XIA Y, HE S, WANG J, et al. MXene/WS_2 hybrids for visible-light-activated NO_2 sensing at room temperature[J]. Chemical Communications, 2021, 57(72)：9136-9139.

[80] QUAN W, SHI J, LUO H, et al. Fully flexible MXene-based gas sensor on paper for highly sensitive room-temperature nitrogen dioxide detection [J]. ACS Sensors, 2023, 8(1)：103-113.

[81] THANH HOAI TA Q, NGOC TRI N, NOH J. Improved NO_2 gas sensing performance of 2D $MoS_2/Ti_3C_2T_x$ MXene nanocomposite [J]. Applied Surface Science, 2022, 604：154624.

[82] LE V T, VASSEGHIAN Y, DOAN V D, et al. Flexible and high-sensitivity sensor based on Ti_3C_2-MoS_2 MXene composite for the detection of toxic gases[J]. Chemosphere, 2022, 291: 133025.

[83] YAN H, CHU L, LI Z, et al. 2H-MoS_2/$Ti_3C_2T_x$ MXene composites for enhanced NO_2 gas sensing properties at room temperature[J]. Sensors and Actuators Reports, 2022, 4: 100103.

[84] ZHANG C, CHEN J, GAO J, et al. Laser processing of crumpled porous graphene/MXene nanocomposites for a standalone gas sensing system[J]. Nano Letters, 2023, 23(8): 3435-3443.

[85] WANG J, YANG Y, XIA Y. Mesoporous MXene/ZnO nanorod hybrids of high surface area for UV-activated NO_2 gas sensing in ppb-level[J]. Sensors and Actuators B: Chemical, 2022, 353: 131087.

[86] CHEN W Y, LAI S N, YEN C C, et al. Surface functionalization of $Ti_3C_2T_x$ MXene with highly reliable superhydrophobic protection for volatile organic compounds sensing[J]. ACS Nano, 2020, 14(9): 11490-11501.

[87] KUANG D, WANG L, GUO X, et al. Facile hydrothermal synthesis of $Ti_3C_2T_x$-TiO_2 nanocomposites for gaseous volatile organic compounds detection at room temperature[J]. Journal of Hazardous Materials, 2021, 416: 126171.

[88] WANG D, ZHANG D, YANG Y, et al. Multifunctional latex/polytetrafluoroethylene-based triboelectric nanogenerator for self-powered organ-like MXene/metal-organic framework-derived CuO nanohybrid ammonia sensor[J]. ACS Nano, 2021, 15(2): 2911-2919.

[89] HE T, LIU W, LV T, et al. MXene/SnO_2 heterojunction based chemical gas sensors[J]. Sensors and Actuators B: Chemical, 2021, 329: 129275.

[90] GUO X, DING Y, KUANG D, et al. Enhanced ammonia sensing performance based on MXene- $Ti_3C_2T_x$ multilayer nanoflakes functionalized by tungsten trioxide nanoparticles[J]. Journal of Colloid and Interface Science, 2021, 595: 6-14.

[91] LIU M, JI J, SONG P, et al. Sensing performance of α-Fe_2O_3/$Ti_3C_2T_x$ MXene

nanocomposites to NH₃ at room temperature [J]. Journal of Alloys and Compounds, 2022, 898: 162812.

[92] LI X, XU J, JIANG Y, et al. Toward agricultural ammonia volatilization monitoring: A flexible polyaniline/Ti₃C₂Tₓ hybrid sensitive films based gas sensor[J]. Sensors and Actuators B: Chemical, 2020, 316: 128144.

[93] WANG S, JIANG Y, LIU B, et al. Ultrathin Nb₂CTₓ nanosheets-supported polyaniline nanocomposite: Enabling ultrasensitive NH₃ detection[J]. Sensors and Actuators B: Chemical, 2021, 343: 130069.

[94] LU L, LIU M, SUI Q, et al. MXene/MoS₂ nanosheet/polypyrrole for high-sensitivity detection of ammonia gas at room temperature[J]. Materials Today Communications, 2023, 35: 106239.

[95] ZHAO L, ZHENG Y, WANG K, et al. Highly stable cross-linked cationic polyacrylamide/Ti₃C₂Tₓ MXene nanocomposites for flexible ammonia-recognition devices[J]. Advanced Materials Technologies, 2020, 5(7): 2000248.

[96] CHAUDHARY V, GAUTAM A, MISHRA Y K, et al. Emerging MXene-polymer hybrid nanocomposites for high-performance ammonia sensing and monitoring[J]. Nanomaterials, 2021, 11(10): 2496.

[97] JIN X, LI L, ZHAO S, et al. Assessment of occlusal force and local gas release using degradable bacterial cellulose/Ti₃C₂Tₓ MXene bioaerogel for oral healthcare [J]. ACS Nano, 2021, 15(11): 18385-18393.

[98] YANG T, GAO L, WANG W, et al. Berlin green framework-based gas sensor for room-temperature and high-selectivity detection of ammonia[J]. Nano-Micro Letters, 2021, 13(1): 63.

[99] ZHAO Q, JIANG Y, YUAN Z, et al. Progress and future challenges of MXene compositesfor gas sensing [J]. Chinese Science Bulletin, 2022, 67 (24): 2823-2834.

[100] LEE E, VAHIDMOHAMMADI A, Prorok B C, et al. Room temperature gas sensing of two-dimensional titanium carbide (MXene)[J]. ACS Applied Materials & Interfaces, 2017, 9(42): 37184-37190.

[101] LI D, SHAO Y, ZHANG Q, et al. A flexible virtual sensor array based on laser-induced graphene and MXene for detecting volatile organic compounds in human breath[J]. Analyst, 2021, 146(18): 5704-5713.

[102] LI D, LIU G, ZHANG Q, et al. Virtual sensor array based on MXene for selective detections of VOCs[J]. Sensors and Actuators B: Chemical, 2021, 331, 129414.

[103] MUCKLEY E S, NAGUIB M, IVANOV I N. Multi-modal, ultrasensitive, wide-range humidity sensing with Ti_3C_2 film[J]. Nanoscale, 2018, 10(46): 21689-21695.

[104] PAZNIAK H, VAREZHNIKOV A S, KOLOSOV D A, et al. 2D molybdenum carbide MXenes for enhanced selective detection of humidity in air[J]. Advanced Materials, 2021, 33(52): 2104878.

[105] MUCKLEY E S, NAGUIB M, WANG H W, et al. Multimodality of structural, electrical, and gravimetric responses of intercalated MXenes to water[J]. ACS Nano, 2017, 11(11): 11118-11126.

[106] SHPIGEL N, LEVI M D, SIGALOV S, et al. Direct assessment of nanoconfined water in 2D Ti_3C_2 electrode interspaces by a surface acoustic technique[J]. Journal of the American Chemical Society, 2018, 140(28): 8910-8917.

[107] CHEN J, QIN W, LI K, et al. A high-sensitivity, fast-response and high-stability humidity sensor of curly flake $Ti_3C_2T_x$ MXene prepared by electrolytic intercalation of NaOH solution[J]. Journal of Materials Chemistry A, 2022, 10(41): 22278-22288.

[108] LI N, JIANG Y, ZHOU C, et al. High-performance humidity sensor based on urchin-like composite of Ti_3C_2 MXene-derived TiO_2 nanowires[J]. ACS Applied Materials & Interfaces, 2019, 11(41): 38116-38125.

[109] WU J, LU P, DAI J, et al. High performance humidity sensing property of $Ti_3C_2T_x$ MXene-derived $Ti_3C_2T_x/K_2Ti_4O_9$ composites[J]. Sensors and Actuators B: Chemical, 2021, 326: 128969.

[110] LI Z, ZHANG B, FU C, et al. Ultrafast and sensitive hydrophobic QCM humidi-

ty sensor by sulfur modified Ti₃C₂Tₓ MXene[J]. IEEE Sensors Journal, 2023, 23 (4): 3462-3468.

[111] JANICA I, MONTES-GARCÍA V, Urban F, et al. Covalently functionalized MX-enes for highly sensitive humidity sensors [J]. Small Methods, 2023, 7: 2201651.

[112] AN H, HABIB T, SHAH S, et al. Water sorption in MXene/polyelectrolyte multilayers for ultrafast humidity sensing[J]. ACS Applied Nano Materials, 2019, 2 (2): 948-955.

[113] LI X, LU Y, SHI Z, et al. Onion-inspired MXene/chitosan-quercetin multilayers: Enhanced response to H₂O molecules for wearable human physiological monitoring[J]. Sensors and Actuators B: Chemical, 2021, 329: 129209.

[114] WANG L, WANG D, WANG K, et al. Biocompatible MXene/chitosan-based flexible bimodal devices for real-time pulse and respiratory rate monitoring[J]. ACS Materials Letters, 2021, 3(7): 921-929.

[115] Liu F, Li Y, Hao S, et al. Well-aligned MXene/chitosan films with humidity response for high-performance electromagnetic interference shielding[J]. Carbohydrate Polymers, 2020, 243: 116467.

[116] Li T, Zhao T, Tian X, et al. A high-performance humidity sensor based on alkalized MXenes and poly(dopamine) for touchless sensing and respiration monitoring[J]. Journal of Materials Chemistry C, 2022,10(6): 2281-2289.

[117] Zhang T, Song B, Yang J, et al. Vacuum-assisted multi-layer bacterial cellulose/polydopamine-modified MXene film for joule heating, photo thermal, and humidity sensing[J]. Cellulose, 2023, 30(7): 4373-4385.

[118] HAN M, SHEN W. Nacre-inspired cellulose nanofiber/MXene flexible composite film with mechanical robustness for humidity sensing [J]. Carbohydrate Polymers, 2022, 298: 120109.

[119] LU Y, WANG M, WANG D, et al. Flexible impedance sensor based on Ti₃C₂Tₓ MXene and graphitic carbon nitride nanohybrid for humidity-sensing application

with ultrahigh response[J]. Rare Metals, 2023, 42(7): 2204-2213.

[120] SARDANA S, SINGH Z, SHARMA A K, et al. Self-powered biocompatible humidity sensor based on an electrospun anisotropic triboelectric nanogenerator for non-invasive diagnostic applications [J]. Sensors and Actuators B: Chemical, 2022, 371: 132507.

[121] LI P, SU N, WANG Z, et al. A $Ti_3C_2T_x$ MXene-based energy-harvesting soft actuator with self-powered humidity sensing and real-time motion tracking capability[J]. ACS Nano, 2021,15(10): 16811-16818.

[122] MAITY A, MAJUMDER S B. NO_2 sensing and selectivity characteristics of tungsten oxide thin films [J]. Sensors and Actuators B: Chemical, 2015, 206: 423-429.

[123] WU J, WU Z, HAN S, et al. Extremely deformable, transparent, and high-performance gas sensor based on ionic conductive hydrogel[J]. ACS Applied Materials & Interfaces, 2018,11(2): 2364-2373.

[124] ZHI H, GAO J, FENG L. Hydrogel-based gas sensors for NO_2 and NH_3[J]. ACS Sensors, 2020, 5(3): 772-780.

[125] WU J, WU Z, HUANG W, et al. Stretchable, stable, and room-temperature gas sensors based on self-healing and transparent organohydrogels[J]. ACS Applied Materials & Interfaces, 2020,12(46), 52070-52081.

[126] MOHANRAJ R, GNANAMANGAI B M, RAMESH K, et al. Optimized production of gamma poly glutamic acid (γ-PGA) using sago[J]. Biocatalysis and Agricultural Biotechnology, 2019, 22: 101413.

[127] KOH H-J, KIM S J, MALESKI K, et al. Enhanced selectivity of MXene gas sensors through metal ion intercalation: In situ X-ray diffraction study[J]. ACS sensors, 2019, 4(5): 1365-1372.

[128] LI Z, WANG L, SUN D, et al. Synthesis and thermal stability of two-dimensional carbide MXene Ti_3C_2[J]. Materials Science and Engineering: B, 2015,191: 33-40.

［129］FENG A, YU Y, WANG Y, et al. Two-dimensional MXene Ti$_3$C$_2$ produced by exfoliation of Ti$_3$AlC$_2$［J］. Materials & Design, 2017,114: 161-166.

［130］LI G, WU J, WANG B, et al. Self-healing supramolecular self-assembled hydrogels based on poly (l-glutamic acid)［J］. Biomacromolecules, 2015, 16 (11): 3508-3518.

［131］MAYERBERGER E A, URBANEK O, MCDANIEL R M, et al. Preparation and characterization of polymer-Ti$_3$C$_2$T$_x$ (MXene) composite nanofibers produced via electrospinning［J］. Journal of Applied Polymer Science, 2017, 134 (37): 45295.

［132］KRISHNAMOORTHY K, PAZHAMALAI P, SAHOO S, et al. Titanium carbide sheet based high performance wire type solid state supercapacitors［J］. Journal of Materials Chemistry A, 2017, 5(12): 5726-5736.

［133］FANG J, ZHANG Y, YAN S, et al. Poly(l-glutamic acid)/chitosan polyelectrolyte complex porous microspheres as cell microcarriers for cartilage regeneration ［J］. Acta Biomaterialia, 2014,10(1): 276-288.

［134］TSAO C T, CHANG C H, LIN Y Y, et al. Antibacterial activity and biocompatibility of a chitosan-γ-poly (glutamic acid) polyelectrolyte complex hydrogel［J］. Carbohydrate Research, 2010, 345(12): 1774-1780.

［135］HUA J, LI Z, XIA W, et al. Preparation and properties of EDC/NHS mediated crosslinking poly (gamma-glutamic acid)/epsilon-polylysine hydrogels［J］. Materials Science and Engineering: C, 2016, 61: 879-892.

［136］LIU B, HUANG W, YANG G, et al. Preparation of gelatin/poly(γ-glutamic acid) hydrogels with stimulated response by hot-pressing preassembly and radiation crosslinking［J］. Materials Science and Engineering: C, 2020,116: 111259.

［137］TÓTH A, BERTÓTI I, SZÉKELY T, et al. XPS study on the thermal degradation of poly-N,N'/4,4'-diphenylether/pyromellitimide［J］. Surface and Interface Analysis,1986, 8(6): 261-266.

［138］YAN X, TONG Z, CHEN Y, et al. Bioresponsive materials for drug delivery

based on carboxymethyl chitosan/poly（γ-glutamic acid）composite microparticles [J]. Marine Drugs, 2017, 15(5): 127.

[139] LONG G L, WINEFORDNER J D. Limit of detection: A closer look at the IUPAC definition[J]. Analytical Chemistry, 1983, 55(7): 712A-724A.

[140] CHAE Y, KIM S J, CHO S, et al. An investigation into the factors governing the oxidation of two-dimensional Ti_3C_2 MXene[J]. Nanoscale, 2019, 11(17): 8387-8393.

[141] PARK J, KIM Y, PARK S Y, et al. Band gap engineering of graphene oxide for ultrasensitive NO_2 gas sensing[J]. Carbon, 2020, 159: 175-184.

[142] LI W, CHEN R, QI W, et al. Reduced graphene oxide/mesoporous ZnO NSs hybrid fibers for flexible, stretchable, twisted, and wearable NO_2 e-textile gas sensor[J]. ACS Sensors, 2019, 4(10): 2809-2818.

[143] CHENG M, WU Z, LIU G, et al. Highly sensitive sensors based on quasi-2D rGO/SnS_2 hybrid for rapid detection of NO_2 gas[J]. Sensors and Actuators B: Chemical, 2019, 291: 216-225.

[144] LIU D, TANG Z, ZHANG Z. Visible light assisted room-temperature NO_2 gas sensor based on hollow $SnO_2@SnS_2$ nanostructures[J]. Sensors and Actuators B: Chemical, 2020, 324: 128754.

[145] KUMAR R, GOEL N, KUMAR M. UV-activated MoS_2 based fast and reversible NO_2 sensor at room temperature[J]. ACS Sensors, 2017, 2(11): 1744-1752.

[146] JAISWAL J, SANGER A, TIWARI P, et al. MoS_2 hybrid heterostructure thin film decorated with CdTe quantum dots for room temperature NO_2 gas sensor[J]. Sensors and Actuators B: Chemical, 2020, 305: 127437.

[147] XIN X, ZHANG Y, GUAN X, et al. Enhanced performances of PbS quantum-dots-modified MoS_2 composite for NO_2 detection at room temperature[J]. ACS Applied Materials & Interfaces, 2019, 11(9): 9438-9447.

[148] XU Y, XIE J, ZHANG Y, et al. Edge-enriched WS_2 nanosheets on carbon nanofibers boosts NO_2 detection at room temperature[J]. Journal of Hazardous Materi-

als, 2021, 411: 125120.

[149] KAN H, LI M, SONG Z, et al. Highly sensitive response of solution-processed bismuth sulfide nanobelts for room-temperature nitrogen dioxide detection [J]. Journal of Colloid and Interface Science, 2017, 506: 102-110.

[150] KAWAMURA K, VESTERGAARD M d, Ishiyama M, et al. Development of a novel hand-held toluene gas sensor: Possible use in the prevention and control of sick building syndrome[J]. Measurement, 2006, 39(6): 490-496.

[151] WILSON R L, SIMION C E, STANOIU A, et al. Humidity-tolerant ultrathin NiO gas-sensing films[J]. ACS Sensors, 2020, 5(5): 1389-1397.

[152] GIBERTI A, CAROTTA M C, GUIDI V, et al. Monitoring of ethylene for agro-alimentary applications and compensation of humidity effects [J]. Sensors and Actuators B: Chemical, 2004, 103(1): 272-276.

[153] ENGEBRETSEN K A, JOHANSEN J D, KEZIC S, et al. The effect of environmental humidity and temperature on skin barrier function and dermatitis[J]. Journal of the European Academy of Dermatology and Venereology, 2016, 30(2): 223-249.

[154] SATO J, DENDA M, CHANG S, et al. Abrupt decreases in environmental humidity induce abnormalities in permeability barrier homeostasis[J]. Journal of Investigative Dermatology, 2002, 119(4): 900-904.

[155] ZHANG R, DUAN Y, ZHAO Y, et al. Temperature compensation of elasto-magneto-electric (EME) sensors in cable force monitoring using BP neural network [J]. Sensors, 2018, 18(7): 2176.

[156] KOROTCENKOV G, CHO B K. Instability of metal oxide-based conductometric gas sensors and approaches to stability improvement [J]. Sensors and Actuators B: Chemical, 2011, 156(2): 527-538.

[157] DUAN Z, JIANG Y, YAN M, et al. Facile, flexible, cost-saving, and environment-friendly paper-based humidity sensor for multifunctional applications [J]. ACS Applied Materials & Interfaces, 2019, 11(24): 21840-21849.

[158] LIU L, FEI T, GUAN X, et al. Room temperature ammonia gas sensor based on ionic conductive biomass hydrogels [J]. Sensors and Actuators B: Chemical, 2020, 320: 128318.

[159] DO J S, SHIEH R Y. Electrochemical nitrogen dioxide gas sensor based on solid polymeric electrolyte [J]. Sensors and Actuators B: Chemical, 1996, 37(1-2): 19-26.

[160] KIM S J, KOH H J, REN C E, et al. Metallic $Ti_3C_2T_x$ MXene gas sensors with ultrahigh signal-to-noise ratio[J]. ACS Nano, 2018, 12(2): 986-993.

[161] CHEN W Y, JIANG X, LAI S N, et al. Nanohybrids of a MXene and transition metal dichalcogenide for selective detection of volatile organic compounds [J]. Nature Communications, 2020, 11(1): 1302.

[162] YANG K, ZHU K, WANG Y, et al. $Ti_3C_2T_x$ MXene-loaded 3D substrate toward on-chip multi-gas sensing with surface-enhanced Raman spectroscopy (SERS) barcode readout[J]. ACS Nano, 2021, 15(8): 12996-13006.

[163] WU M, HE M, HU Q, et al. Ti_3C_2 MXene-based sensors with high selectivity for NH_3 detection at room temperature [J]. ACS Sensors, 2019, 4(10): 2763-2770.

[164] PENG M, WANG L, LI L, et al. Manipulating the interlayer spacing of 3D MXenes with improved stability and zinc-ion storage capability[J]. Advanced Functional Materials, 2022, 32(7): 2109524.

[165] LUO X, ZHU L, WANG Y C, et al. A flexible multifunctional triboelectric nanogenerator based on MXene/PVA hydrogel [J]. Advanced Functional Materials, 2021, 31(38): 2104928.

[166] GENG S, TIAN F, LI M, et al. Activating interfacial S sites of MoS_2 boosts hydrogen evolution electrocatalysis[J]. Nano Research, 2022, 15(3): 1809-1816.

[167] CHOI S H, KO Y N, LEE J K, et al. 3D MoS_2-graphene microspheres consisting of multiple nanospheres with superior sodium ion storage properties [J]. Advanced Functional Materials, 2015, 25(12): 1780-1788.

[168] ZHANG D, PAN W, ZHOU L, et al. Room-temperature benzene sensing with

Au-doped ZnO nanorods/exfoliated WSe₂ nanosheets and density functional theory simulations [J]. ACS Applied Materials & Interfaces, 2021, 13 (28): 33392-33403.

[169] ANASORI B, HALIM J, LU J, et al. Mo₂TiAlC₂: A new ordered layered ternary carbide[J]. Scripta Materialia, 2015, 101: 5-7.

[170] MALESKI K, SHUCK C E, FAFARMAN A T, et al. The broad chromatic range of two-dimensional transition metal carbides [J]. Advanced Optical Materials, 2021, 9(4): 2001563.

[171] MAUGHAN P A, BOUSCARRAT L, SEYMOUR V R, et al. Pillared Mo₂TiC₂ MXene for high-power and long-life lithium and sodium-ion batteries [J]. Nanoscale Advances, 2021, 3(11): 3145-3158.

[172] YU X, ZHAO G, LIU C, et al. A MoS₂ and graphene alternately stacking van der waals heterostructure for Li⁺/Mg²⁺ Co-intercalation[J]. Advanced Functional Materials, 2021, 31(42): 2103214.

[173] LI H, ZHANG Q, YAP C C R, et al. From bulk to monolayer MoS₂: Evolution of Raman scattering [J]. Advanced Functional Materials, 2012, 22 (7): 1385-1390.

[174] BAI X, LV H, LIU Z, et al. Thin-layered MoS₂ nanoflakes vertically grown on SnO₂ nanotubes as highly effective room-temperature NO₂ gas sensor[J]. Journal of Hazardous Materials, 2021, 416: 125830.

[175] AGRAWAL A V, KUMAR R, Venkatesan S, et al. Photoactivated mixed in-plane and edge-enriched p-type MoS₂ flake-based NO₂ sensor working at room temperature[J]. ACS Sensors, 2018, 3(5): 998-1004.

[176] HALIM J. An X-xay photoelectron spectroscopy study of multilayered transition metal carbides (MXenes)[M]. United States, Pennsylvania: Drexel University, 2016.

[177] CHI J Q, SHANG X, LU S S, et al. Mo₂C@NC@MoSₓ porous nanospheres with sandwich shell based on MoO₄²⁻-polymer precursor for efficient hydrogen evolution in both acidic and alkaline media[J]. Carbon, 2017, 124: 555-564.

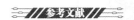
[178] SHU Y, ZHANG L, CAI H, et al. Hierarchical $Mo_2C@MoS_2$ nanorods as electrochemical sensors for highly sensitive detection of hydrogen peroxide and cancer cells[J]. Sensors and Actuators B: Chemical, 2020, 311: 127863.

[179] HALIM J, KOTA S, LUKATSKAYA M R, et al. Synthesis and characterization of 2D molybdenum carbide (MXene) [J]. Advanced Functional Materials, 2016, 26(18): 3118-3127.

[180] REN H, WANG J, FENG H, et al. A versatile ratiometric electrochemical sensing platform based on $N-Mo_2C$ for detection of m-nitrophenol[J]. Biosensors and Bioelectronics, 2019, 144: 111663.

[181] SANTONI A, RONDINO F, MALERBA C, et al. Electronic structure of Ar^+ ion-sputtered thin-film MoS_2: A XPS and IPES study[J]. Applied Surface Science, 2017, 392: 795-800.

[182] LIU L, IKRAM M, MA L, et al. Edge-exposed MoS_2 nanospheres assembled with SnS_2 nanosheet to boost NO_2 gas sensing at room temperature[J]. Journal of Hazardous Materials, 2020, 393: 122325.

[183] WANG Z, GAO S, FEI T, et al. Construction of ZnO/SnO_2 heterostructure on reduced graphene oxide for enhanced nitrogen dioxide sensitive performances at room temperature[J]. ACS Sensors, 2019, 4(8): 2048-2057.

[184] ZHANG D, YU S, WANG X, et al. UV illumination-enhanced ultrasensitive ammonia gas sensor based on (001) $TiO_2/MXene$ heterostructure for food spoilage detection[J]. Journal of Hazardous Materials, 2022, 423: 127160.

[185] TRAN N M, TA Q T H, Noh J S. $rGO/Ti_3C_2T_x$ heterostructures for the efficient, room-temperature detection of multiple toxic gases[J]. Materials Chemistry and Physics, 2021, 273.

[186] ZHANG Y, JIANG Y, DUAN Z, et al. Highly sensitive and selective NO_2 sensor of alkalized V_2CT_x MXene driven by interlayer swelling[J]. Sensors and Actuators B: Chemical, 2021, 344: 130150.

[187] TIAN X, YAO L, CUI X, et al. A two-dimensional $Ti_3C_2T_x$ $MXene@TiO_2/MoS_2$ heterostructure with excellent selectivity for the room temperature detection of

ammonia[J]. Journal of Materials Chemistry A, 2022, 10(10): 5505-5519.

[188] YUN T, JIN H M, KIM D H, et al. 2D metal chalcogenide nanopatterns by block copolymer lithography [J]. Advanced Functional Materials, 2018, 28 (50): 1804508.

[189] ZHANG Y, JIANG Y, DUAN Z, et al. Edge-enriched MoS_2 nanosheets modified porous nanosheet-assembled hierarchical In_2O_3 microflowers for room temperature detection of NO_2 with ultrahigh sensitivity and selectivity[J]. Journal of Hazardous Materials, 2022, 434: 128836.

[190] WU Y, CHEN X, WENG K, et al. Highly sensitive and selective gas sensor using heteroatom doping graphdiyne: A DFT study[J]. Advanced Electronic Materials, 2021, 7(7): 2001244.

[191] AGRAWAL A V, KUMAR N, KUMAR M. Strategy and future prospects to develop room-temperature-recoverable NO_2 gas sensor based on two-dimensional molybdenum disulfide[J]. Nano-Micro Letters, 2021, 13(1): 38.

[192] YAMAZOE N. New approaches for improving semiconductor gas sensors [J]. Sensors and Actuators B: Chemical, 1991, 5(1): 7-19.

[193] TAI H, DUAN Z, He Z, et al. Enhanced ammonia response of $Ti_3C_2T_x$ nanosheets supported by TiO_2 nanoparticles at room temperature[J]. Sensors and Actuators B: Chemical, 2019, 298: 126874.

[194] LI Z, YAO Z, HAIDRY A A, et al. Recent advances of atomically thin 2D heterostructures in sensing applications[J]. Nano Today, 2021, 40: 101287.

[195] ZHAO F, CHENG H, ZHANG Z, et al. Direct power generation from a graphene oxide film under moisture [J]. Advanced Materials, 2015, 27 (29): 4351-4357.

[196] LI M, ZONG L, YANG W, et al. Biological nanofibrous generator for electricity harvest from moist air flow[J]. Advanced Functional Materials, 2019, 29(32): 1901798.

[197] YANG W, LI X, HAN X, et al. Asymmetric ionic aerogel of biologic nanofibrils for harvesting electricity from moisture[J]. Nano Energy, 2020, 71: 104610.

[198] SUN Z, FENG L, XIONG C, et al. Electrospun nanofiber fabric: An efficient, breathable and wearable moist-electric generator[J]. Journal of Materials Chemistry A, 2021, 9(11): 7085-7093.

[199] HUANG Y, CHENG H, YANG C, et al. Interface-mediated hygroelectric generator with an output voltage approaching 1.5 volts[J]. Nature Communications, 2018, 9(1): 4166.

[200] YANG X, ZHOU T, ZWANG T J, et al. Bioinspired neuron-like electronics[J]. Nature Materials, 2019, 18(5): 510-517.

[201] SUN L, SONG G, SUN Y, et al. MXene/N-doped carbon foam with three-dimensional hollow neuron-like architecture for freestanding, highly compressible all solid-state supercapacitors[J]. ACS Applied Materials & Interfaces, 2020, 12(40): 44777-44788.

[202] ZHANG J, WANG X-X, ZHANG B, et al. In situ assembly of well-dispersed Ag nanoparticles throughout electrospun alginate nanofibers for monitoring human breath-smart fabrics[J]. ACS Applied Materials & Interfaces, 2018, 10(23): 19863-19870.

[203] YUN X, ZHANG Q, LUO B, et al. Fabricating flexibly resistive humidity sensors with ultra-high sensitivity using carbonized lignin and sodium alginate[J]. Electroanalysis, 2020, 32(10): 2282-2289.

[204] QIN L, LIU Y, XU S, et al. In-plane assembled single-crystalline T-Nb_2O_5 nanorods derived from few-layered Nb_2CT_x MXene nanosheets for advanced Li-Ion capacitors[J]. Small Methods, 2020, 4(12): 2000630.

[205] HU W, XIE L, ZENG H. Novel sodium alginate-assisted MXene nanosheets for ultrahigh rejection of multiple cations and dyes[J]. Journal of Colloid and Interface Science, 2020, 568: 36-45.

[206] BABAR Z U D, ANWAR M S, MUMTAZ M, et al. Peculiar magnetic behaviour and Meissner effect in two-dimensional layered Nb_2C MXene[J]. 2D Materials, 2020, 7(3): 035012.

［207］shen w, hsieh y l. Biocompatible sodium alginate fibers by aqueous processing and physical crosslinking［J］. Carbohydrate Polymers, 2014, 102: 893-900.

［208］DUAN Z, JIANG Y, ZHAO Q, et al. Daily writing carbon ink: Novel application on humidity sensor with wide detection range, low detection limit and high detection resolution［J］. Sensors and Actuators B: Chemical, 2021, 339: 129884.

［209］LI Z, CUI Y, WU Z, et al. Reactive metal-support interactions at moderate temperature in two-dimensional niobium-carbide-supported platinum catalysts［J］. Nature Catalysis, 2018, 1(5): 349-355.

［210］SU T, PENG R, HOOD Z D, et al. One-step synthesis of Nb_2O_5/C/Nb_2C (MXene) composites and their use as photocatalysts for hydrogen evolution［J］. ChemSusChem, 2018, 11(4): 688-699.

［211］SHEN D, XIAO M, ZOU G, et al. Self-powered wearable electronics based on moisture enabled electricity generation［J］. Advanced Materials, 2018, 30(18): 1705925.

［212］LIANG Y, ZHAO F, CHENG Z, et al. Electric power generation via asymmetric moisturizing of graphene oxide for flexible, printable and portable electronics ［J］. Energy & Environmental Science, 2018, 11(7): 1730-1735.

［213］QI P, XU Z, ZHANG T, et al. Chitosan wrapped multiwalled carbon nanotubes as quartz crystal microbalance sensing material for humidity detection［J］. Journal of Colloid and Interface Science, 2020, 560: 284-292.

［214］CHEN Z, LU C. Humidity sensors: A review of materials and mechanisms［J］. Sensor Letters, 2005, 3(4): 274-295.

［215］WANG C, XING Y, XIA Y, et al. Investigation of interactions between oxygen-containing groups and water molecules on coal surfaces using density functional theory［J］. Fuel, 2021, 287: 119556.

［216］GAO Z, DING Y, YANG W, et al. DFT study of water adsorption on lignite molecule surface［J］. Journal of Molecular Modeling, 2017, 23(1): 27.

［217］ZHAO Q, YUAN Z, DUAN Z, et al. An ingenious strategy for improving humidity sensing properties of multi-walled carbon nanotubes via poly-L-lysine

modification[J]. Sensors and Actuators B: Chemical, 2019, 289: 182-185.

[218] SUN Z, FENG L, WEN X, et al. Nanofiber fabric based ion-gradient-enhanced moist-electric generator with a sustained voltage output of 1.1 volts[J]. Materials Horizons, 2021, 8(8): 2303-2309.

[219] XU T, DING X, HUANG Y, et al. An efficient polymer moist-electric generator [J]. Energy & Environmental Science, 2019,12(3): 972-978.

[220] HUANG Y, CHENG H, SHI G, et al. Highly efficient moisture-triggered nano-generator based on graphene quantum dots[J]. ACS Applied Materials & Interfaces, 2017, 9(44): 38170-38175.

[221] ZHAO Q, JIANG Y, DUAN Z, et al. A Nb_2CT_x/sodium alginate-based composite film with neuron-like network for self-powered humidity sensing[J]. Chemical Engineering Journal, 2022, 438: 135588.

[222] LIU X, GAO H, WARD J E, et al. Power generation from ambient humidity using protein nanowires[J]. Nature, 2020, 578(7796): 550-554.

[223] WANG H, SUN Y, HE T, et al. Bilayer of polyelectrolyte films for spontaneous power generation in air up to an integrated 1,000 V output[J]. Nature Nanotechnology, 2021,16(7): 811-819.

[224] DUAN Z, YUAN Z, JIANG Y, et al. Power generation humidity sensor based on primary battery structure [J]. Chemical Engineering Journal, 2022, 446: 136910.

[225] ZHAO Q, DUAN Z, WU Y, et al. Facile primary battery-based humidity sensor for multifunctional application[J]. Sensors and Actuators B: Chemical, 2022, 370: 132369.

[226] JIANG Y, DUAN Z, FAN Z, et al. Power generation humidity sensor based on NaCl/halloysite nanotubes for respiratory patterns monitoring[J]. Sensors and Actuators B: Chemical, 2023, 380: 133396.

[227] LI J, YAN H, XU C, et al. Insights into host materials for aqueous proton batteries: Structure, mechanism and prospect[J]. Nano Energy, 2021, 89: 106400.

[228] XING H, LI X, LU Y, et al. MXene/MWCNT electronic fabric with enhanced

mechanical robustness on humidity sensing for real-time respiration monitoring [J]. Sensors and Actuators B: Chemical, 2022, 361: 131704.

[229] LEE J B, CHOI G H, YOO P J. Oxidized-Co-crumpled multiscale porous architectures of MXene for high performance supercapacitors [J]. Journal of Alloys and Compounds, 2021, 887: 161304.

[230] NATU V, SOKOL M, VERGER L, et al. Effect of edge charges on stability and aggregation of $Ti_3C_2T_z$ MXene colloidal suspensions [J]. The Journal of Physical Chemistry C, 2018, 122(48): 27745-27753.

[231] CAI J, FU J, LI R, et al. A potential carrier for anti-tumor targeted delivery-hyaluronic acid nanoparticles [J]. Carbohydrate Polymers, 2019, 208: 356-364.

[232] HUI X, GE X, ZHAO R, et al. Interface chemistry on MXene-based materials for enhanced energy storage and conversion performance [J]. Advanced Functional Materials, 2020, 30(50): 2005190.

[233] GUAN X, HOU Z, WU K, et al. Flexible humidity sensor based on modified cellulose paper [J]. Sensors and Actuators B: Chemical, 2021, 339: 129879.

[234] ZHANG D, WANG M, YANG Z. Facile fabrication of graphene oxide/nafion/indium oxide for humidity sensing with highly sensitive capacitance response [J]. Sensors and Actuators B: Chemical, 2019, 292: 187-195.

[235] CUI C, GUO R, REN E, et al. MXene-based rGO/ Nb_2CT_x/Fe_3O_4 composite for high absorption of electromagnetic wave [J]. Chemical Engineering Journal, 2021, 405: 126626.

[236] LEI D, ZHANG Q, LIU N, et al. Self-powered graphene oxide humidity sensor based on potentiometric humidity transduction mechanism [J]. Advanced Functional Materials, 2022, 32(10): 2107330.

[237] LI X, GUO Y, MENG J, et al. Self-powered carbon ink/filter paper flexible humidity sensor based on moisture-induced voltage generation [J]. Langmuir, 2022, 38(27): 8232-8240.

[238] WANG B, ZHANG S, WANG G, et al. The morphology and electrochemical properties of porous Fe_2O_3@C and FeS@C nanofibers as stable and high-capacity

anodes for lithium and sodium storage [J]. Journal of Colloid and Interface Science, 2019, 557: 216-226.

[239] DUAN Z, ZHAO Q, WANG S, et al. Halloysite nanotubes: Natural, environmental-friendly and low-cost nanomaterials for high-performance humidity sensor [J]. Sensors and Actuators B: Chemical, 2020, 317: 128204.

[240] YAMAZOE N. Toward innovations of gas sensor technology [J]. Sensors and Actuators B: Chemical, 2005, 108(1): 2-14.

[241] DUAN Z, YUAN Z, JIANG Y, et al. Amorphous carbon material of daily carbon ink: Emerging applications in pressure, strain, and humidity sensors [J]. Journal of Materials Chemistry C, 2023, 11(17): 5585-5600.

[242] AI F, WANG Z, LAI N C, et al. Heteropoly acid negolytes for high-power-density aqueous redox flow batteries at low temperatures [J]. Nature Energy, 2022, 7 (5): 417-426.

[243] ZHAO L, WANG L, ZHENG Y, et al. Highly-stable polymer-crosslinked 2D MXene-based flexible biocompatible electronic skins for in vivo biomonitoring [J]. Nano Energy, 2021, 84: 105921.

[244] FENG J, MA D, OUYANG K, et al. Multifunctional MXene-bonded transport network embedded in polymer electrolyte enables high-rate and stable solid-state zinc metal batteries [J]. Advanced Functional Materials, 2022, 32 (45): 2207909.